青少年心理品质丛书
主编：夏阳

有梦想就有动力

张俊红◎编著

新疆美术摄影出版社
新疆电子音像出版社

图书在版编目(CIP)数据

有梦想就有动力 / 张俊红编著. —— 乌鲁木齐：新疆美术摄影
出版社：新疆电子音像出版社, 2013.4
ISBN 978-7-5469-3885-1

Ⅰ. ①有… Ⅱ. ①张… Ⅲ. ①成功心理–青年读物②
成功心理–少年读物 Ⅳ. ①B848.4–49

中国版本图书馆 CIP 数据核字(2013)第 071376 号

有梦想就有动力　　主　编　夏　阳

编　　著	张俊红	
责任编辑	吴晓霞	
责任校对	李　瑞	
制　　作	乌鲁木齐标杆集印务有限公司	
出版发行	新疆美术摄影出版社	
	新疆电子音像出版社	
地　　址	乌鲁木齐市经济技术开发区科技园路 7 号	
邮　　编	830011	
印　　刷	北京新华印刷有限公司	
开　　本	787 mm×1 092 mm　　1/16	
印　　张	14.75	
字　　数	211 千字	
版　　次	2013 年 7 月第 1 版	
印　　次	2013 年 7 月第 1 次印刷	
书　　号	ISBN 978-7-5469-3885-1	
定　　价	45.00 元	

本社出版物均在淘宝网店：新疆旅游书店(http://xjdzyx.taobao.
com)有售，欢迎广大读者通过网上书店购买。

有梦想就有动力

第一章　播种梦想——所有梦想都开花

梦想是人生最重要的财富，有了梦想的支撑，才能激发人们拼搏奋斗、试图改变命运的本能。

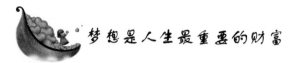

梦想是人生最重要的财富

梦想是人生最重要的财富，有了梦想的支撑，才能激发人们拼搏奋斗、试图改变命运的本能。许多人都说"命运天注定""天命不可违"，孰不知在我们的人生中充满了改变的机会，只要你认准前进的方向，有一颗坚定的心，牢牢抓住那稍纵即逝的机遇，坚持奋斗，终究能改变命运，塑造出自己的闪耀人生。

何方洋拍拍身上的土，又仔细掸去鞋上的浮尘，这才挺胸阔步地走进了一所重点大学的实验楼。

他要去洽谈一笔 30 万元的生意，用一个研究生的专业和商人的热情去说服这所大学中一个重点课题的负责人，将项目承包给他的实验室来做。这样的生意已经不是第一笔，少至几千多至几十万，他必须靠这种"捡漏"似的揽活方法赚钱来买设备和做实验，让自己的药物残留检测试剂得以继续研究。

食品安全检测，这个如今已被三聚氰胺推向了万众瞩目地位的产业，在 9 年前尚未进入公众视线。但对于何方洋来说，打从 1997 年的某个下午，他偶然看到欧洲检测瘦肉精的报道时起，便与这个产业结下了不解之缘。

当时，还只是 2002 年，何方洋的北京望尔生物技术有限公司刚刚注册成立，离年营业额数千万元还有不到 10 年时间。

现在，还要解决温饱问题，何方洋这个边做实验边揽活儿的"研究生老板"，正跟伙伴们挤在一个不大的出租房里，吃着算不上小康的饭菜。但他坚信民以食为天，大家在吃饱吃好之后，必然会关注怎样吃才更健康的问题，食品安全检测将是中国未来发展的必然趋势。

一小时后，何方洋从大楼里出来，兴冲冲地骑上他那辆旧二八自行车。逆风，衣服被刮得犹如旗帜，脸上的汗像丝线般划过耳际，但他丝毫不觉得累。因为他急着将好消息告诉还在实验室里奋战的

伙伴们："揽到 30 万，又能活一年了！"这是他创业初期的最真实状态。

何方洋是乐观的，这种乐观来自于某种想要改变命运的本能，不张扬，但乐观精神时刻从他的骨子里往外迸发。

13 岁那年，何方洋要做一个小手术，只身从贵州凤岗的小山村出发，去 300 公里外的开阳磷矿找做矿工的父亲。

在那里，他第一次见到矿工子弟上学的情景：教室是宽敞明亮的，中午还要放学吃午饭，最神奇的是还有一门他完全听不懂的课程叫英语……在此之前，上学对他来说，只有"艰苦"二字可以形容。而此刻，何方洋就像"希望工程"那张著名宣传照里的女孩一样，踮着脚，扒着窗沿，睁大眼睛拼命地往里瞧，心想要是我也能在这里上学该多好呀！

手术后，磷矿的领导来探望何方洋，问他想吃什么。烧得迷迷糊糊的何方洋一听有人问他要什么，就毫不犹豫地大喊："我要上学！我要上学！"在场的所有人在惊讶的同时也被深深感动了，领导对他的父亲说："那就让他上吧。"

然而后来，一向认为书读多了没有用的父亲，对于答应何方洋留在区中学读书的事情，又反悔了。这下何方洋急红了眼，竟自己跑去找矿区领导，使尽了一个 13 岁孩子能想到的绝招，目的只有一个——留下读书。最终，他如愿以偿。

第一次抓住了改变命运的机会，何方洋发现原来它并没有想象中那么难，只要你够坚定。

从贵阳医学院毕业后，何方洋被分配到开阳磷矿的一个分矿医院工作，每天只有零星几个人来开点儿感冒药，闲暇时大家凑在一起打麻将、学跳舞。这种"轻松"的生活，在何方洋看来却是地狱："我知道，这样下去我肯定完蛋，所有的理想都要没了。我不甘心，我始终记得自己想要成为脑神经科学家的梦想。"

他决定离开，决定找一片更广阔的天空。出门需要钱，只靠每月 170 元的薪水，猴年马月也走不出去。他想到了卖菜，去贵阳批发了豆子，然后拉回家来生成豆芽卖。一百多斤的豆子扛上车，对于从小体弱的何方洋来说不是易事，但想想未来的"脑神经科学家"，也就咬牙扛了。有一次，何方洋进货时被偷了个底儿掉，灰头土脸地回到住处，恨不能哭上一场。疲劳加上伤痛，有那么一两刻，信念似乎要动摇了。但是，何方洋看着在水中点点生长的豆芽，仿佛能听到"咔嚓咔嚓"的声音，那是一种来自生命破茧而出的呐喊——奋斗才能改变命运！

一年后，何方洋揣着辛苦攒下的 3000 块钱，踏上了开往北京的火车。

彼时，何方洋的理想是成为一名脑神经科学家。高中时与神经衰弱苦战多年，让他错失了名牌大学的录取通知，却对神经科学产生了强烈的兴趣——不愿意被它主宰，那就学着主宰它！何方洋带着这样的理想，开始了进京后的考研之路。

然而，英语考试中的几分之差使他与理想失之交臂，就是这样阴差阳错，一道与想象中完全不同的绚烂风景一点点铺开在他眼前。

那是 1997 年，何方洋被调剂到中国农业大学的生物物理专业读硕士研究生。也就是在这之后的某个下午，他去图书馆查资料时发现了欧洲检测瘦肉精的报道，从此开始了国内首例瘦肉精单克隆抗体研究的旅程。

那时他的想法很简单，就是要把这个研究做下去。何方洋就像抱着个初生的孩子，当务之急是找到吃食养活他，至于创业这种成材大计是往后的事，远着呢。所以，当何方洋的导师告诉他"两个实验室给你用，但是资金、器材自己想办法"时，他有种天上掉馅饼的错觉。

毕业后，何方洋婉拒几家研究中心抛来的橄榄枝，选择留守那两个简陋的实验室。看准了这个产业有前景，实验研究也有了很大的进展，怎么能因为眼下缺钱就放手不干呢？

时间仿佛跟何方洋开了个玩笑，他又一次重复了几年前决心离开开阳时的话——赚很多的钱。在那段时间里，他卖过朱启泰的考研书，一本十块钱的利润，也做过推销员，结果亏了一万多。但那段经历对何方洋影响深远："推销工作每天都有培训，放一些成功学的录像带给我们看，我从那里面学到了一点：先定目标，再找方法。方法总比困难多，只要你去找，总有一个方法能让你实现目标。"

有梦想就有动力

于是，何方洋后来开始了一次次为承包项目而进行的自我推销，于是便有了本文开头那一幕。为了实现研究的梦想，何方洋不得不赚钱，而为了更好地赚钱，何方洋开始了创业。

雄关漫道真如铁，而今迈步从头越。这铁打的创业路，每一步都是下了狠劲儿踩下去的。

早在 1997 年，何方洋就预测 5 年之内，中国必然开始瘦肉精的检测。结果，国内的动作比他预想的早两年。2003 年，望尔公司研制出国内首例瘦肉精检测试剂盒，却不得不跟 2000 年就进入中国市场的进口试剂盒抢夺市场。

中国人在高科技产品上对"进口"二字的迷信，使何方洋他们举步维艰。于是，何方洋就像当初走遍北京高校，敲开每扇宿舍门推销考研书那样，背着他的试剂盒到客户那里现场做实验，达到国外试剂盒的标准了再买，还要打个 9 折。一转头，何方洋回到实验室继续钻研，心想我就不信争不过进口货！

单克隆抗体是医学里的大分子技术，何方洋将其挪到食品安全检测的小分子领域，增加了难度不说，也因为尚属国内首例，一切都要靠自己摸索。100 次实验，99 次失败，支撑那最后一次尝试的力量，除了对科学的好奇心，还有一股子不服输的韧劲儿。

有一次，何方洋做一项实验，失败的次数已经多到模糊，而他又在操作中出了一点儿差错——不该加热的环节却无意中打开了加热的开关。突然，未曾预想的沉淀物出现在试管里。这立刻引起了何方洋的关注，为什么会有沉淀呢？何方洋和他的伙伴们马上研究分析，最终在这"天外飞来"的沉淀物中找到了实验成功的方法。

从此，望尔招聘员工时多了一道考题：如果实验出现了预想之外的结果，你会怎么办？何方洋希望这种好奇、钻研和坚持的精神，在他的企业里发扬光大。而正是这种企业文化，使望尔的科研成果不断增多，荣获了包括 2005 年北京科学技术一等奖、2006 年国家科技进步二等奖在内的多个奖项。此后，何方洋那间实验室形态的公司变成了行业的领头羊。

2004 年，美国一家生化公司想要收购望尔，出价令人动心。但是，何方洋拒绝了。艰难有过，荣耀有过，起起伏伏让何方洋的目标更加明晰，决心更加坚定——要把望尔做成生物领域的海尔和联想！年少轻狂，幸福时光。

有梦想的人永远不老。也许是从 13 岁那句"我要上学"开始，也许该从开阳的豆子抽出第一棵豆芽算起，何方洋的生命就迈上了突破自我、挑战极限的创业旅程。

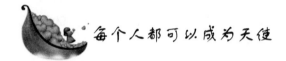

每个人都可以成为天使

真是天有不测风云，原本不错的天气突然下起了大雾。尽管公路上来往的车辆不算太多，但是祸从天降，一辆车迎面撞来，她的车立刻变成了一堆废铁。她的身体被牢牢地卡在驾驶员的座位上，孤独无助。她有腿的骨头被撞断了，狼狈地蜷缩在车里，脑子里一片空白，不知道到底是怎么一回事，也不晓得如何是好。

当她完全清醒之后，知道一位路过的陌生人停下车，报了警，随后来到她的身边。在救援人员试图把她从车里解救出来的时候，陌生人一直跪在地上，温暖地握着她的手，用眼神，用话语，鼓励她，安慰她。尽管她感到很痛苦，很焦虑，但由于陌生人的帮助，她却一直很镇静，很坚强。

当她即将被救护车送往医院的时候，她微笑着，深情地对陌生人赞美道："你真是我的天使。"

她的赞美朴实无华，仅有七个字，但却感动了所有在场的人。她说话的那表情，那语调，太动人了。人们似乎从中有了新的领悟：原来每个人都可以成为可爱的天使。

当医生因坚持长时间手术而累倒在手术室里，但却挽救了一个病人生命的时候，这个医生就成了病人心目中的天使。

当老师用自己的薪水资助了一个家境贫困的学生，将学生送入大学校门的时候，这个老师就成了学生心目中的天使。

当作者的一篇短文打开了读者的心扉，改变了读者人生目标的时候，这个作者就成了读者心目中的天使。

有梦想就有动力

6

当生命垂危的患者立下遗嘱，去世后将自己的眼角膜捐赠给盲人的时候，这个患者就成了盲人心目中的天使。

当路人搀扶着年迈的老人，小心翼翼地躲开南来北往车辆的时候，这个路人就成了老人心目中的天使。

当妻子在产床上呻吟，丈夫紧紧地握住妻子手的时候，这个丈夫就成了妻子心目中的天使。

当小孙女端来一盆温水，笑着给老奶奶洗脚的时候，这个小孙女就成了老奶奶心目中的天使。

当园丁给干涸的小草浇水的时候，这位园丁就成了小草心目中的天使。

当孩童将一条搁浅在岸边的小鱼放归大海的时候，这个孩童就成了小鱼心目中的天使。

不错，每个人都可以成为可爱的天使，完全可以不受权力大小的限制，完全可以不受地位尊卑的束缚，完全可以不受金钱多少的左右，完全可以不受身份贵贱的干扰。

确实，每个人都可以成为可爱的天使，只要有一颗普通而高尚的爱心。

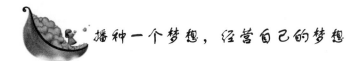

播种一个梦想，经营自己的梦想

有一个农家女孩，生长在偏远的小村子里。过着日出而作日落而息的生活，她喜爱一项传统工艺——剪纸，并且剪纸技术达到了比较高的水平。

这个女孩从别人那里听到这样一个消息：一些外国人喜欢中国的工艺品，大老远跑到山西的农家小院去买老太太做的虎头鞋，一双十美元，值好几十块人民币呢。她想，北京是首都，外国人多，如果把自己的剪纸拿到那里一定能卖个好价钱。18岁那年，她为自己的剪纸作品进行了第一次尝试，她带着省吃俭用攒出来的路费，满怀希望地到了北京。但是她没有想到，北京艺术品市场里的剪纸那么便宜，她带去的作品，一块钱一张都没人要，险些连回家的路费都成了问题。这次尝试得到的答案是——此路不通，后果是不仅没挣到钱还赔上了一笔路费。但是，女孩并没有因此而放弃希望，相反，她选择了继续学习剪纸艺术。

在女孩22岁那年，她为自己的剪纸进行了第二次尝试。她苦苦哀求、软磨硬泡地拿到了父母为她准备的1000元嫁妆钱，交了省城一家美术馆的展览费。这一次更惨，她不仅赔上了自己的嫁妆钱，还欠下了一大笔装裱费，而且成了乡邻茶余饭后的笑料。这样的后果她已经无法承受了，只好一走了之，为了还钱，她到深圳去打工。打工的那段日子尽管她过得很艰难，但她除了每天在流水线上拼命工作外，还挤出时间去上晚间的美术课，处处留心实现自己剪纸梦想的机会。

后来，她做了一次又一次尝试。随着年龄的增长和人生阅历的增加，她将自己所能了解到的途径一一进行尝试。到艺术学校自荐，参加各种各样的评比和展出，给报纸杂志寄作品，报名参加电视台的参与节目，想方设法接触记者，联系赞助搞个人展，请工艺品店和市场代卖，去印染厂推销自己的图样设计等等。

她的尝试有许多都失败了，但她勇敢地承担每一次失败带来的后果，她曾被中介骗子骗走了所有的作品，也曾被债主逼得走投无路。每失败一次都要狼狈不堪地善后，但她每一次在面临选择的时候，始终把酷爱的剪纸艺术放在第一位。后来，她有了一个自己的小小剪纸工作室，靠剪纸维持自己的生活。她满足了，快乐地认为自己获得了成功，因为日夜与她相伴的是剪纸艺术。最后农家女终于成了远近闻名的"剪纸艺人"。

农家女就是这样每天给自己一个小小的希望，并将这个希望深放在心间，她做到了，实现了她的好梦。正是由于坚持，也正是她心中的那份甜，让她的生活也充满了无限活力。记得一位名人曾经说过："世界上一切成功和财富都始于一个意念！始于我们心中的梦想！"这句话告诉我们要实现梦想，取得成功其实很简单，你要先播种一个梦想，然后努力经营自己的梦想，不管别人说什么，都不要轻易放弃。

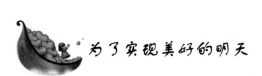 **为了实现美好的明天**

为了实现梦想，不仅需要激情和浪漫，而且需要行动和苦战。

为了实现梦想，不仅需要行动和苦战，而且需要直面错误的裁判。

为了实现梦想，不仅需要直面错误的裁判，而且需要战胜挫折和灾难。

为了实现梦想，不仅需要经得起挫折和灾难，而且需要经得起鲜花、掌声和金钱的考验。

凡实现梦想者，不仅有超群之才，而且更有百折不挠、坚韧不拔之志。

美国北纽约州小镇上的露茜丽·鲍尔，从小就梦想成为最著名的演员。

18 岁时，她在一家舞蹈学校学习三个月后，她母亲收到了学校措辞严厉的来信："众所周知，我校曾经培养出许多在美国甚至在全世界都很著名的演员，但是我们从没见过哪个学生的天赋和才能比你的女儿还差，她不再是我校的学生了。"

露茜丽·鲍尔被勒令退学后的两年，靠干零活谋生。工作之余，她申请参加排练节目，尽管没有报酬，但她一丝不苟，心甘情愿。

不幸接着不幸。两年后，她得了肺炎。住院三周以后，医生告诉她。她的双腿已经开始萎缩了，以后很可能再也不能行走了。

年轻的露茜丽·鲍尔，带着当演员的梦想和病残的腿，无可奈何地回家休养。经过两年的痛苦磨炼，经过无数次的摔倒，她不仅奇迹般地站立起来，并且跑跳自如了。又过了 18 年——整整 18 年！她还没有成为她梦想的演员。

上帝给谁的都不会太少。在她已经 40 岁的时候，终于获得了扮演一个角色的机会。这个角色对她非常合适，她成功了。在艾森豪威尔就任总统的就职典礼上，有 2900 人欣赏了她的表演；在英国女王伊丽莎白二世加冕时，有 3300 人欣赏了她的表演……到了 1953 年，看过她表演的人已经超过 4000 万。

观众看到的露茜丽·鲍尔，不是因病致残的跛腿和饱经风霜的一脸沧桑，而是一位杰出女演员的才华和魅力，是一位历经困苦、大器晚成的灿烂明星。

和露茜丽·鲍尔一样，史泰龙也有一个实现明星梦想的曲折经历。

他出身贫苦，父亲是个酒鬼，母亲专横任性。在他 10 岁时父母离异，他常被同学当作练拳对象加以欺侮，13 岁便辍学在家。

史泰龙工作了 5 年之后，决心要成为电影明星。尽管他知道自己有口吃的毛病，文化水平也不高，长得也不是很帅，但他竭尽全力地提高自身的素质。

他敲开了一个又一个电影公司的大门，一次又一次地推荐自己。在遭到 1000 次的拒绝之后，史泰龙不仅没有灰心丧气，反而根据 1000 次遭受拒绝的教训和体验写了一部剧本——《洛奇》。他将 1000 次拒绝变成了宝贵财富。

他带着剧本重新走进一家又一家的电影公司，到 1600 次的时候，终于有人愿意出钱买他的剧本了。这时，他身上只剩下 40 美元现金了。可是，当听到电影公司不同意由他主演的时候，他急了："不！不！"他斩钉截铁地拒绝了对方。

直到 1885 次的时候，史泰龙终于如愿以偿。他在电影《洛奇》中担当主演，且一炮打响，逐步成为巨星。史泰龙的片酬打破了当时好莱坞的纪录，高达 2500 万美元。

编织绚丽多彩的梦想不难，几乎人人都有过令人神往的梦想，但要实现梦想，却有很长很长的一段路。可以说，有梦想的人多，实现梦想的人少。

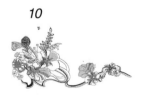

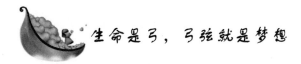

生命是弓，弓弦就是梦想

青春的梦想，人类的梦想，是对未来的美好憧憬，是未来的真实投影。

比尔·克利亚是美国犹他州的一个中学教师。有一次，他给学生们布置了作业，要求学生们以《未来的梦想》为题写一篇作文。

一个名叫蒙迪·罗伯特的孩子，兴高采烈地写下了自己的梦想。他梦想将来长大后拥有一个一流的牧马场，他在作文里将牧马场描述得很详尽，还画下了一幅占地二百英亩的牧马场示意图。其中有马厩、跑道和种植园，还有房屋建筑和室内平面设置图。

第二天，他自豪地将这份作业交给了比尔·克利亚老师。然而作业批回的时候，比尔·克利亚老师在第一页的右上角写下了一个大大的"F"（差），并让蒙迪·罗伯特到办公室去找他。

在办公室里，比尔·克利亚打量了一下站在眼前的毛头小伙子，认真地说："蒙迪·罗伯特，我承认你这份作业做得很认真，但是你的梦想离现实太远，太不切合实际了。"

蒙迪·罗伯特低着头，没有辩解，但一直珍藏着那份作业。正是那份作业鼓励着他，一步一个脚印地不断前进在实现梦想的创业征程。多年以后，蒙迪·罗伯特终于如愿以偿地实现了自己的梦想。

无巧不成书。十几年过去了，比尔·克利亚老师带领他的学生们参观一个一流的牧马场。牧马场的主人极其热情地接待了前来参观的全体师生。比尔·克利亚老师没有想到牧马场的主人不是别人，正是自己当年的学生蒙迪·罗伯特，更没想到那份作业还被珍藏着。

比尔·克利亚老师流下了既高兴又忏悔的泪水。庄重地对蒙迪·罗伯特及来参观的同学们说："现在我明白了，当时我做老师的时候，就像一个偷窃梦想的小偷，偷窃走了很多孩子的美好梦想。但是，蒙迪·罗伯特依靠坚韧不拔的努力，终于实现了自己的梦想！现在，我盼望所有的同学都要展开梦想的翅膀，用梦想挽起明天，

第一章 播种梦想——所有梦想都开花

去拥抱生活的灿烂!"

人的一生就是这样,人类的发展就是这样:先把自己的一生和人类的发展变成科学的梦想,再靠坚韧不拔的努力把科学的梦想变成现实。

生命是一张弓,那弓弦就是梦想。

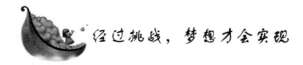

经过挑战，梦想才会实现

在出发之前,梦想永远只是梦想。只有上了路,梦想才会变成挑战,也只有经过挑战,梦想才会实现。如果说梦想是可贵的,那么不失时机地挑战梦想就更可贵。

安东尼·吉娜是美国纽约百老汇极负盛名的演员。她在美国电视台著名的脱口秀节目《快乐说》中,讲述了自己成功路上最难忘的一段经历。

在大学读书时,吉娜是学校艺术团的歌剧演员,参加了一次校际演讲比赛。她演讲的题目是《璀璨的梦想》,她在演讲中说:"大学毕业以后,先去欧洲旅游一年,增加自己的阅历,然后到纽约百老汇发展,实现自己成为一名优秀演员的梦想……"她声情并茂的演讲,卓而不凡的风度,赢得了所有师生的多次喝彩,并一举夺魁。

当天下午,吉娜的心理学老师找到她,对她说:"你是一个很有才华、很有发展潜力的学生。"紧接着就提了一个尖锐的问题:"你现在就去百老汇,跟毕业一年以后去究竟有什么差别?"

吉娜仔细一想:"是呀,大学生活并不能帮我争取到在百老汇的工作机会。应该先去试一试,即使失败了,我还可以返回学校继续学习。"于是,吉娜决定,一年之后就去百老汇闯荡,而不是等到毕业一年以后再去。

这时,老师又问道: "你现在就去跟一年以后去究竟有什么不同?"

吉娜思考了一会儿,对老师说:"那下学期就出发。"

老师紧张地问："你现在就去跟下学期去究竟有什么不一样？"

吉娜简直有些眩晕了，想想百老汇金碧辉煌的舞台，想想在睡梦中萦绕不绝的红舞鞋……她终于决定下个月就前往百老汇。

老师乘胜追击地问："你现在就去跟一个月以后去究竟有什么两样？"

吉娜激动不已，也情不自禁地说："好，给我一个星期的时间准备一下，我很快就出发。"

老师步步紧逼："所有的生活用品在百老汇都能买到，你现在就去跟一个星期以后去究竟有什么区别？"

吉娜终于热泪盈眶地说："好，我明天就去。"

老师赞许地点点头，说："好！我已经帮你订好了明天的机票。有个朋友告诉我，百老汇正在招聘演员，你不要错过这次机会。"同时，老师还送给她一个精美的笔记本，并在扉页上写下了一段赠言。

第二天，吉娜就飞赴全世界最著名的艺术殿堂——美国百老汇。正如老师告诉她的那样，百老汇的一个制片人正在酝酿一部经典剧目，几百名各国艺术家踊跃应聘主角。按当时的应聘规矩，先挑出十个左右的候选人，然后让他们每人按剧本的要求表演一段主角的念白。这就意味着，只有经过两轮艰苦角逐之后的优胜者，才能从几百名各国艺术家中脱颖而出。

吉娜到了纽约后，没有急于去漂染头发，也没有去购买靓衫，而是费尽周折从一个化妆师手里搞到了即将排演的剧本。然后，她闭门苦读，悄悄演练。

正式面试那天，吉娜是第48个出场。当制片人要她说说自己的表演经历时，她粲然一笑，说："我可以给您表演一段原来在学校排演过的剧目吗？就一分钟。"制片人首肯了，大概是不愿让这个热爱艺术的青年失望。

当制片人发现吉娜是在表演剧本中女主角的念白时，不禁惊呆了。她的表演是那样的投入与真挚，是那样的惟妙惟肖。制片人当机立断，一锤定音：结束面试，主角非吉娜莫属。就这样，她穿上了人生的第一双红舞鞋。

电视台的节目主持人在结束《快乐说》之前，向观众展示了吉娜珍藏多年的笔记本，就是心理学老师在她到百老汇之前送给她的那个精美笔记本，并朗读了老师在扉页上写下的赠言。

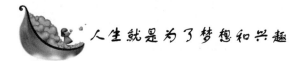

人生就是为了梦想和兴趣

罗伯特·赫弗特设计美国国旗的往事，似乎验证了美国教科书上对人生涵义的解释："人生就是人为了梦想和兴趣而开展的表演。"

第二次世界大战结束的时候，美国的国旗上只有 48 颗星，它代表着当时美国联邦政府的 48 个州。但 20 世纪 50 年代后期，2 个新的州即将加入联邦政府。这样，有着 50 个州的美国，再用 48 颗星的国旗就显得很不合适了。

谁能成为美国新国旗的设计者呢？完全出乎人们的意料，他是当时年仅 17 岁的高中生——罗伯特·赫弗特。

那是 1958 年春天的一个星期五下午，罗伯特坐着校车回家。他一路上都在思考着历史课老师普拉特先生布置的家庭作业——每个同学要各自独立完成一件有独创性的手工作品，这件手工作品要能表达出他们对历史这门学科的兴趣，作业要在下星期一完成。

做什么好呢？罗伯特冥思苦想。当校车驶过兰开斯特市的闹市区时，他一眼看见了飘扬在市政厅屋顶上的美国国旗。突然，他产生了灵感，情不自禁地说了出来："就是它了，我要设计一面新的美国国旗。"

当时，阿拉斯加很快就将成为美国的第 49 个州。他有一个预感，在不久的将来，夏威夷也一定会成为美国的第 50 个州。

回到家后，罗伯特便开始设计新的美国国旗。反复修改之后，终于将脑海中的图案定格在稿纸上。他画出了 50 个小格子，每一个格子里画上一颗五角星。

第二天，罗伯特·赫弗特骑车到商店买来了一块蓝色的棉布，还有一些补衣服用的白色不干胶胶布，精心制作出一面有 50 颗星的美国新国旗。最后，他用熨斗把新国旗熨烫得平平整整。他欣赏着

有梦想就有动力

自己的手工作品，心满意足地笑了。

但是，结果并不像罗伯特所期望的那样，手工作品不仅没能得到"优秀"，而且还不被普拉特老师理解。老师看着这面新国旗，摇了摇头说："这不是一面真实的国旗，我们的国旗上怎么会有50颗星呢？"

尽管罗伯特解释了一遍又一遍，但普拉特老师坚持给手工作品打了个"及格"。

罗伯特又气又恼，非常扫兴。他据理力争，竟然第一次为自己的分数与老师争辩起来："我认为我的作业应该得到更好的分数。另一个同学做了一幅树叶粘贴画都得了'优秀'，我的作业为什么不能？何况我的作业很有预见性和想象力！"

普拉特老师冷静地看着罗伯特，和气地说："如果你不喜欢我给你的分数，那你就把新国旗送到首都华盛顿，看看他们能不能接受。"

罗伯特心中一亮，放学后立刻骑车去当地议员沃尔特·莫勒先生的家。他敲开议员的家门，展示了自己设计的新国旗，并陈述了之所以这样设计的理由，然后一本正经地问议员先生："您能把我设计的新国旗带到首都华盛顿去吗？如果要举行为50个州的美利坚合众国设计新国旗的比赛，您能推荐这面旗帜去参加比赛吗？"面对这位一脸稚气和激情的高中生，沃尔特先生终于答应下来。

在接下来的两年中，罗伯特满怀希望地等待着。1959年1月，美国总统艾森豪威尔签署了公告，宣布阿拉斯加成为美国的第49个州。就像其他的州一样，按规定，代表阿拉斯加州的这一颗星，应该在7月4日美国国庆这一天加进国旗里。但是，显而易见，49颗星的美国国旗几乎立即就要过时，因为8月夏威夷就将成为美国的第50个州。这正是罗伯特所预料和期望的。

这时，罗伯特已经高中毕业了，成了一家工业公司的制图员。他听说有成千上万的国旗设计方案交了上去，国会组织了一个专门的委员会负责审查，从中选出5个方案，上报给艾森豪威尔总统。"我设计的那面国旗的命运不知怎么样了？"他时常禁不住想到它。

1959年6月的一天，罗伯特正在公司的制图室工作，一位秘书上气不接下气地跑来叫他："有你的电话，是一位国会议员打来的，快去接。"

"孩子，我为你骄傲，艾森豪威尔总统选择了你的新国旗设计方案。祝贺你！"是沃尔特先生，罗伯特一下子就听出来了，兴奋得跳了起来。

尽管还有成千上万的人也提出了类似的设计，但罗伯特的方案是最先交上去的，况且它并不是一个草图，而是一面真实的旗帜。这些正是罗伯特的方案胜出的优越条件。

罗伯特买了机票，飞到首都华盛顿，亲眼目睹了第一面美国新国旗冉冉升起的庄严时刻。他在心中默默地说："能为祖国做点什么的人，真幸福！"

从此，罗伯特设计的美国新国旗成了这个国家正式的国旗。它在每一个州的议会大厦上高高飘扬，它在美国驻世界各国大使馆的旗杆上高高飘扬，它在美国千家万户的屋顶上高高飘扬。

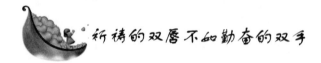

祈祷的双唇不如勤奋的双手

祈祷的双唇不如勤奋的双手，谁要把生活的梦想变为梦想的生活，就不能等待天上掉馅饼，而只能依靠自己的不懈努力。

小克莱门斯的家境贫穷，但他极聪明，刚满 6 岁，就已经是一名小学生了。他的同桌是一个善良、可爱的金发小姑娘，几乎每天都会带着一大块诱人的蛋糕来到学校。她常常真诚地问小克莱门斯："要不要尝一尝蛋糕？"

倔强且自尊心很强的小克莱门斯每次都坚决地摇头，但内心却很想尝尝那蛋糕究竟是什么滋味。

老师霍尔太太是一位虔诚的基督徒。每次上课之前，她都要先领着孩子们进行祈祷。有一天，霍尔老师给孩子们讲《圣经》。当讲到"祈祷就会获得一切"的时候，小克莱门斯忍不住站起来问道："真的吗？祈祷真的可以获得一切吗？如果我祈祷，那么上帝会给我

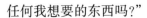

任何我想要的东西吗？"

"是的，孩子。只要你愿意虔诚地祈祷，你就会得到你想要的东西。"听到霍尔老师这样的回答，小克莱门斯高兴极了。此时他最想得到的是一块大大的蛋糕，因为他从来没有吃过蛋糕。那天放学的时候，他兴奋地对金发小姑娘说："明天我也会有一大块蛋糕。"

回到家以后，小克莱门斯关起门，无比虔诚地进行祈祷。他相信上帝已经看见了他的表情，一定会被自己的诚心所感动，一定会给自己一块大大的蛋糕！

然而，第二天起床后，小克莱门斯找遍了所有上帝可能放蛋糕的地方，仍然什么也没有发现。他以为，一定是自己不够虔诚，所以告诫自己："以后每天都坚持做祈祷，一直到蛋糕的降临。"

一个月后，金发小姑娘突然想起来小克莱门斯将有蛋糕的往事，就笑着问："你的蛋糕呢？"

小克莱门斯说："上帝大概没有看见我那么虔诚的祈祷，也就没有送给我一大块蛋糕。不过可以理解，因为每天有那么多的孩子都在做这样的祈祷，而上帝只有一个，他怎么会忙得过来呢？"

金发小姑娘惊讶地看着小克莱门斯，说："难道你每天祈祷只是为了一块蛋糕吗？你为什么不自己去赚钱买一块呢？只用几个硬币就可以买到了。"

小克莱门斯恍然大悟："对啊，为什么不自己去赚钱买一块呢？"他对自己说："我决不会再为一块蛋糕祈祷了，决不会再为一件卑微的小东西祈祷了。"

很快，小克莱门斯通过给别人送报纸或帮别人遛狗，攒够了买蛋糕的钱。他终于吃到了自己赚钱买来的蛋糕，而不是靠祈祷得来的蛋糕。

可以说，金发小姑娘的话使小克莱门斯走上了新的道路，使他受益终生。他在成长的道路上，始终牢记着一句话："不要为卑微的东西祈祷，而要用双手实现梦想！"后来，他成了一位赫赫有名的大人物——美国著名作家马克·吐温。

第一章 播种梦想——所有梦想都开花

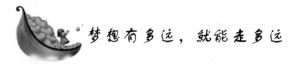

梦想有多远，就能走多远

如果说梦想是一朵灿烂的精神之花，那么不懈追求就会使其结出丰硕的物质之果。

在美国，有一群靠救济生活的穷孩子。虽然他们从未离开过自己生活的小镇，但是却有一个异想天开的惊人梦想：周游世界。

在这群穷孩子为这个伟大的梦想而陶醉和激动不已的时候，几乎所有的家长和旁观者都认为：要实现这样的壮举，简直是天方夜谭。

真是少年不知愁滋味，这群穷孩子面对四处泼来的冷水不仅不动摇，不怀疑，不抛弃，不放弃，而且讨论出了一个实现梦想的好办法，就是在报上刊登募捐广告，以此来筹集周游世界的旅费。

然而天上不会掉馅饼，高达12000美元的广告费从何而来呢？

为了尽快凑够广告费，这群穷孩子开始在课余时间打工。他们寻找所有力所能及的杂活，有的孩子去给人洗车，有的孩子去街头卖报，有的孩子去四处卖花……总之，他们一美分一美分地挣钱，齐心协力地为实现梦想的大厦添砖加瓦。

当地的一家报纸得知此事后，在头版的显著位置详细报道了这群穷孩子的梦想，以及为实现梦想而付出的努力。

恰巧，篮球名将迈克尔·乔丹看到了这个报道。他深受感动，于是以圣诞老人的名义给这群穷孩子寄去了一张12000美元的支票，并鼓励他们说，梦想有多远，就能走多远，原你们乘着梦想的翅膀飞翔。

由于迈克尔·乔丹的慷慨解囊，这群穷孩子精心设计的广告终于在报纸上刊登出来了，并引起了各界人士的强烈反响。

随后，这群穷孩子收到了来自世界各地的8000多封信，几乎每天都有好心人的捐款。更令人意想不到和热血沸腾的是，美国总统竟亲自写信向这群穷孩子表示慰问、敬意和鼓励，并热情地邀请他们到白宫做客！

后来，当地的那家报纸又在头版的显著位置跟踪报道了这群穷孩子的追梦足迹，满怀激情的写下了这样一段话：

每个人都有自己的梦想，古往今来，概莫能外。有的人只是把梦想珍藏，无论是男女老少，结果梦想就变成了一个虚幻的梦，一个遥不可及的虚幻之梦。有的人把梦想实践，无论是尊卑贫富，结果梦想就变成了一个实在的目标，一个在不懈追求中可以达到的实在目标。

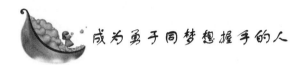

成为勇于同梦想握手的人

查理·帕德克曾是美国最优秀的短跑运动员，许多媒体的运动专栏都形容他的跑像闪电一样，称他是"世界上跑得最快的人"。

查理·帕德克退役后，曾经担任小学演讲协会的讲师。他用自己的演讲，指导和感化了许许多多的青少年。

有一天，学校礼堂里坐满了一千多名学生，他们兴奋地等待听查理·帕德克的演讲。有个坐在最前排的学生，叫杰西·欧文斯。

查理·帕德克走上讲台，双手放在裤子的后口袋上。他等会场静下来后，以洪亮、有力的声音问大家：

"你们知道自己是什么人吗？不知道吧？我来这里就是要告诉你们这件事的。你们是美国人，也是上帝的孩子。只要你们有目标，有信念，善于学习，就能成就伟业，我最想告诉你们的话是——你们每个人都可以成为了不起的人。"

多年后，杰明·欧文斯回忆当时的情景，用充满敬畏的声音说："就在那一刻，我领悟到自己要做什么；我决定了自己的目标，要成为第二个查理·帕德克，也要成为世界上跑得最快的人。演讲结束后，我立刻迫不及待地跑上讲台，握住查理·帕德克手，感到就像有一股电流从手臂流过我的全身。"

随后，杰明·欧文斯跑去找到教练说："我同偶像握手了，也就是同梦想握手了。现在，我有梦想了，那就是要成为第二个查理·帕德克，要成为世界上跑得最快的人。"

教练很聪明，很善良，也很会指导和鼓励学生。他搂住身体虚弱的杰西·欧文斯说："是啊，孩子，祝贺你！你同梦想握手了，你也有梦想了，这可是个伟大的梦想。相信有梦想的人，忠实于梦想的人，为实现梦想而不懈努力的人，梦想就一定会开花结果。为了实现梦想，你必须走过四级阶梯。你要记住，这四级阶梯就是决心、专心、锻炼和人生的态度。"

教练继续说："其中，态度远比其他三个合起来还要重要。因为人生的态度往往决定着一个人的决心大小、专心程度和锻炼是否刻苦。你要实现自己的梦想，就必须保持积极的思维方式，保持对梦想的孜孜不倦的追求。"

杰西·欧文斯不仅听得倍受鼓舞，而且不折不扣地按照教练的话去做。

功夫不负有心人。在1936年的奥运会上，杰西·欧文斯赢得了四枚金牌，震撼了全世界。他平了男子100米世界纪录，创造200米世界纪录和跳远世界纪录，在接力跑的项目上也有杰出的表现。他所创下的世界纪录，在以后的22年间无人能打破。

杰利斯同杰西·欧文斯一样，也是一个勇于同梦想握手的人。

在比尔·盖茨将要到伏加斯中学演讲前，西蒙森老师为学生们布置了一份作业——每人写一篇关于"我与比尔·盖茨"的文章。

同学们的文章几乎都把比尔·盖茨比作偶像，可是一名叫杰利斯的学生却让西蒙森感到意外。他在文章中写道："我不希望比尔·盖茨先生到我们学校来，因为我与他有着十万八千英尺的距离。"

西蒙森老师思索片刻之后，郑重地在杰利斯的文后写下了评语："十万八千英尺只是你心中的距离。如果你有勇气上台同比尔·盖茨握手，那十万八千英尺的距离就会变成为零。"

那天，比尔·盖茨演讲完毕，台下响起了雷鸣般的掌声。突然，杰利斯走到了台上，说："先生，我能同您握手吗？您是我的梦想。"

比尔·盖茨望着这个男孩儿，笑了笑，礼貌地伸出了手。

有梦想就有动力

后来，杰利斯成长为美国的商界大亨。他在一次到大学讲演时，提到了当年西蒙森老师的评语。他颇为感慨地说："梦想的彼岸其实并没有十万八千英尺的距离，那是自己想象中的距离。有勇气同梦想握手，才能拥有梦想的蓝天！我们每一个人，都应该成为勇于同梦想握手的人！"

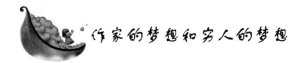

作家的梦想和穷人的梦想

大作家是个天才，小学的时候，天赋就展现出来了，无论老师出什么题目，他都能轻而易举地写出一篇极有创意的作文。

有一次，老师出了一个有关医生的题目，别的孩子都很生硬地谈医生如何伟大，如何有爱心，如何替人类减少了痛苦。我们的大作家却写了一个有趣的故事，故事中，医生自己变成了病人，由于他懂得医学知识，他知道他的病情有多严重，几乎到了无药可救的地步。这一刻，他忽然非常后悔他是个优秀的医生。如果他不知道他的病无药可救，他一定会过得比较快乐。当时，大作家只是个中学生。

可是，大作家也有一次遭遇滑铁卢的经历，那是他参加大学入学考试时，发现作文题目是"一个穷人的日记"。大作家忽然写不出来了，他知道世界上有穷人，可是他一时无法想象穷人究竟是怎样生活的，因为他出身于一个富有的家庭，有生之年，他都没有碰到过一个穷人。最后，他胡乱写了一些，交了卷。

虽然大作家的作品都非常精彩，但他永远忘不掉他的这个难题，这是他一生中唯一写不出来的文章。他对这件事耿耿于怀，总想有一天能写出一篇代表穷人心声的文章，而且能让这篇文章流传千古。

战争爆发了，大作家被征入伍。

有一天，他和两位伙伴出去巡逻，被敌人发现，两位伙伴都被击毙了。大作家落荒而逃，虽然摆脱了敌人，却迷了路。入夜以后，大作家一不小心掉进了很深的山谷，昏迷了过去。

醒来以后，他发现他的两条腿都断了，他的枪也不见了，他用尽全力大声呼叫了很久，都没有人听见。他靠少许干粮和极为少量的水度过了三天。到了第四天，他已极为虚弱，当夜晚来临的时候，他感到自己可能看不到第二天的太阳了。

可是，忽然之间，大作家发现他衣服里还有一个火柴盒，他打开了火柴盒，看到三根火柴。擦亮了第一根火柴，他看到一个士兵平时带的干粮盒；擦亮了第二根火柴，他看到一个士兵平时带的水壶；擦亮了第三根火柴，他看到一个陌生人在他的旁边，握住了他的手。

最后一根火柴熄灭了以后，大作家知道他一生的梦想即将实现，因为他终于了解到穷人在想些什么，他们无非想要一些可以吃的东西、可以喝的水以及来自别人的关怀。

大作家下定决心要保持清醒，直到天亮。他还有一张纸和一支笔，他要在死之前，写一个有关穷人的故事，而且他有信心，相信他的故事会流传千古。

作为一个优秀的作家，他的梦想是写出伟大的、流传千古的作品。而作为一个人，其最基本的梦想无非是吃饱穿暖，有人关怀，这是大作家临死前才领悟到的，所以人只有亲身经历过，才能了解生命的真谛。

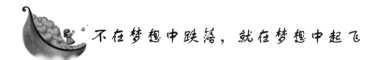

不在梦想中跌落，就在梦想中起飞

梦想是一个人奋斗的目标，有了梦想就要付诸实践。但是在为梦想而奋斗的道路上会遇到片片荆棘和重重阻力！要努力拼搏去实现梦想，不要轻易选择放弃。天行健，君子以自强不息。

塞尔玛·拉格勒夫出生于瑞典一个贵族家庭，她三岁时患了小儿麻痹症，只能在轮椅上度过童年。一天，祖母推着她，来到莫尔巴卡庄园外。远处田野上，鸟儿一边飞一边欢快地鸣唱。塞尔玛看得痴了，双手像翅膀一样伸张，但很快她想到了什么，神色忧郁起来。

这时，祖母在她身后说："只要你拥有翅膀，就会像鸟儿一样飞翔。"她转头看着祖母，问："可是，我的翅膀在哪儿?"

祖母说："梦想就是一对翅膀。"

塞尔玛的梦想是当一个作家。她开始阅读大量名著，不久又试着拿起笔创作。但她写的东西就像是小女孩的幻想，幼稚懵懂，与现实相差太遥远。一次，在庄园外的小路上，她听到有人讽刺自己的小说，便将笔远远地扔了出去，痛苦不堪。

她感到梦想让她从幻想的云端重重跌落了，她根本不可能站起来，更别说飞翔了!

然而祖母并不这样认为："你不是在跌落，而是在为飞作准备!"

她看着祖母，突然意识到是丰富的生活阅历使得祖母如此智慧和乐观!既然自己缺少生活阅历，写不出真实的生活体验，为什么不从祖母那里获取呢?

她重新开始了创作的梦想之旅。半年后她完成了一部冒险小说，祖母看后说："希望很大!"塞尔玛很高兴，便请父亲将书稿送到一家出版社去。但几个月过去了，书稿没有一点儿消息。于是塞尔玛让祖母推着她，找到那家出版社。社长告诉她："书稿还不成熟，当天我就还给你父亲了。这里有本印第安人的冒险传说，建议你看看它。"原来父亲不忍心让她受到打击，没告诉她实情。

然而这时的塞尔玛已不像当初那么脆弱了，因为"这不是跌落，是为起飞作准备!"她好奇地翻开社长送的书，并马上被它吸引了，它燃起了她新的创作激情。

在塞尔玛的创作逐渐成熟的同时，家里的经济状况却每况愈下了。为给她看病，家人不得不变卖了庄园。那年她23岁，经过不断地治疗，已经可以行走了，她决定外出求学。

24岁时，塞尔玛考入了罗威尔女子师范学院。33岁时，她的第一部小说《贝林的故事》问世，受到了文学评论家斯兰兑诺的肯定。之后，她一发而不可收，先后创作了《假基督的奇迹》《一座贵族庄园的传说》《孔阿海拉皇后》《骑鹅旅行记》等脍炙人口的好作品。

1907年，塞尔玛被瑞典乌普萨拉大学授予荣誉博士。1909年，

第一章 播种梦想——所有梦想都开花

她荣获诺贝尔文学奖。1914 年，塞尔玛被瑞典学院选为院士后，拿出一笔巨款，将幼时曾经带给她梦想的庄园买了回来，并亲自在庄园前面的石头上题了两行字"不在梦想中跌落，就在梦想中起飞。"

梦想如帆，引领我们航向成功的彼岸；梦想似梯，辅助我们攀上胜利的高峰。人生路上充满荆棘，布满坎坷。唯有梦想，能披荆斩棘，迸发出生命的耀眼光芒。

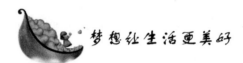

梦想让生活更美好

当国人皆把目光投向世博会的时候，一场名为《蔡国强：农民达·芬奇》的展览也在如火如荼地进行中，该展从 5 月 4 日延续至 7 月 25 日，策划人是旅美华人艺术家、"奥运大脚印"的创作者蔡国强。

一走进上海外滩美术馆，就像进入了一个荒诞的童话世界，而创作这些"童话"的是几个农民：吴玉禄、陶相礼、杜文达、王强、曹正书、李玉明、熊天华、徐斌、吴书仔。

三层展厅的展品是吴玉禄的"机器人工厂"，大大小小各种机械摆满了整个大厅，或行走、或跳跃、或旋转，热火朝天，而吴玉禄稳坐其间，心平气和。

这里吸引了不少参观者。"我是拉洋车的机器人，吴玉禄是我爹，我拉我爹去逛街。"吴玉禄遥控着拉车机器人不时追着参观者到处跑，逗得三个外国人乐不可支。其中一个外国人操着不太流利的中文连连夸赞吴玉禄："机器人的动作真滑稽！""你太聪明了！"

吴玉禄似乎对这些赞美都习以为常了。自认为对机械有天赋的北京农民吴玉禄从小学一年级起就开始尝试做机器人，别的小孩一下课就出去玩了，他呢，就喜欢琢磨怎么能做出个和人一样活动的机器人。

1987 年，他终于做出了第一个能够独立行走的"吴老大"，接着又有了"吴老二"、"吴老三"等等按照"出生"顺序命名的一系列机器人。绝的是，这些机器人虽然有同样的核心部件"电动机"，但做出的每一个动作都不相同，能够跳舞、跳高、爬墙，甚至还能翻跟头……

如今的吴玉禄已是著名的农民发明家，去大学讲演，上电视台领奖，飞国外参展，风光无限，但他在许多人眼里却依然是个"异类"。

当参观者步上四楼时，迎面的一件作品立刻就把人带入了空灵静谧的童话世界。这是个三层贯通的空间，天窗透入的光线很充足，整个空间高高低低悬空吊着各种植物和王强两人合作造的飞机，李玉明做的潜水艇，徐斌和吴书仔坐的直升机，以及杜文达做的飞碟。地上还铺着草皮，放养着60只活鸟。

这件作品就叫《童话》，讲的是关于梦想的故事。

来自四川绵阳的王强制作的飞机，能够飞3000米高，累计飞行了一百多个小时。因为欣赏王强，附近航校的人特地给了他一条航道。"我的梦想就是，有一天能够从绵阳飞到一百多千米外的安县。"王强说。

吴书仔的木制直升机摆在最高的展位上，它的主要材料是木条，连接处用的都是角铁和铆钉，除去唯一可动的螺旋桨，整架飞机的外观，照吴书仔同村人的说法，就是"鸡笼子"。1942年出生的吴书仔一直生活在江西铅山焦坑村，这个村连公路都没有。吴书仔做飞机的初衷，是想飞出大山看看外面的世界。他的这件作品可以说是展品飞机中最简陋的一架，却被蔡国强定义为"最像艺术家作品的作品"。

当蔡国强请陶相礼为这次展览设计一艘航空母舰时，陶相礼拿出的作品有20米长，甲板比一般的航空母舰更宽，为的是停更多飞机，舰身却更窄小，翼下能隐藏更多潜水艇。"其实我在家里做模型赚的钱，可能比来参展的还要多。为什么我要来参展，因为很有挑战性，全中国还没有人做。"陶相礼对蔡国强说。

一个农民，一上来就想做世界上没人做过的事情，听上去很不切实际。可蔡国强说："我们已经太实际了，我们需要的是不切实际。"农民不种地，却搞起了发明，还在城里办了展览。有人说，这

第一章 播种梦想——所有梦想都开花

个展览是把人群中的异类都归到一起了。蔡国强的回应是："不断有新的异类出现的时代，才是有希望的时代。"

"农民，让城市更美好！"本次展览的口号十分醒目。有人不禁要问，在当今社会背景下飞翔的农民达·芬奇的梦想，能够飞多高？

或许，能飞多高并不是最重要的，因为，"重要的在于飞起来"。

我们传统观念中的农民兄弟，一定是面朝黄土背朝天，在农田里辛勤劳作的形象，谁能想到农民也会和发明创造扯上关系？然而文中的几位农民朋友却为我们展示了他们最美好的梦想，什么样的身份和学识并不重要，重要的是你有没有一个值得骄傲和为之努力的梦想，并且能让梦想展翅高飞。

有梦想就有动力

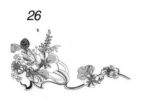

第二章 目标效应——有梦想就有动力

　　目标是指引人们前进的航标，也是一个人能否取得成就的关键因素。目标清晰才会使人胸怀远大的抱负；目标会在失败时赋予人们不断去尝试的勇气；目标会使人不断向前奋进；目标会使人避免倒退，不再为过去担忧；目标会使理想中的"我"与现实中的"我"实现统一。

 ## 目标是指引人们前进的航标

目标是指引人们前进的航标，也是一个人能否取得成就的关键因素。目标清晰才会使人胸怀远大的抱负；目标会在失败时赋予人们不断去尝试的勇气；目标会使人不断向前奋进；目标会使人避免倒退，不再为过去担忧；目标会使理想中的"我"与现实中的"我"实现统一。

传说中的远古时代，有一座巍峨雄伟的天山，山上住着一个巨人叫夸父。

太阳是神圣的，它每天清晨都从地平线上升起，夜晚又降落在遥远的西方。它温暖而明亮，照耀着大地万物，但它又那么可望而不可即，白天总是高高地悬挂在天上，到了晚上便不知躲到哪里昏睡。"太阳在天空中只是那么一点儿，为什么竟有那么大的能量？""他发出的光来自哪里？""他居住在什么地方？"……一连串的疑问搅成了一个巨大的谜团，困扰着夸父。

"看来要解开这个谜团只有走到太阳的身边才行。"夸父这样想着。于是，他产生了追上太阳的念头。

第二天早上，夸父就开始朝着太阳升起的方向出发了，这一走就是一整天。到了黄昏，他又朝着太阳落下的方向走。他明明看见太阳降落在前面某座大山的背后了，但走过去一看，根本就没有太阳的影子。

"太阳你究竟在哪里，你什么时候才会停歇？"夸父沉思冥想，慢慢地他懂得了太阳是永远不会停歇的，它总是在运动。太阳也没有家，天地之间的任何地方都是太阳居住的场所，而自己只有拥有像太阳一样的速度，才能靠近太阳。

于是，夸父开始练习奔跑。开始时他跑得很慢，跑一会儿就开始气喘吁吁了，但他咬着牙，拄着手杖继续往前跑，实在跑不动了才躺在地上歇一会儿，歇完，起来再跑。就这样，夸父越跑越快。

几年之后，他的奔跑速度就赶上了野兽。又过了几年，他的速度已能赶上空中的飞鸟了。这回夸父觉得信心十足了，他决心追上太阳，看一下太阳的庐山真面目。

这一天天不亮，夸父就起来了，吃饱了饭，喝足了水，他拎起了平常随身携带的手杖，静静地等待着太阳升起。此刻外面一片漆黑，太阳还没有露头呢。

不久，天边露出了鱼肚白，太阳就要出现在那里了！夸父急不可待地朝着天边奔去。他的速度不断地加快，如一团风、一束光。他一步步地靠近太阳，最后整个人都融入了太阳那火红的光芒之中。

夸父的视野里只剩下了红的光和烈的火。

啊，原来太阳是这样的！它既不与人一样，也不同于一般的物。太阳是一个世界，充满光与火、热与血，无边无际。"那这样的世界又是谁创造的呢？"此时，夸父感觉灼热难忍，口渴难耐，就想先喝口水再来寻找这个问题的答案。

夸父跑到了河渭，河渭之水浩浩荡荡，他一饮而尽，但还是觉得口渴。

于是，他又向北边的大泽奔去。他跑啊跑啊，渐渐地双腿开始不听使唤了，胸腔里似乎有团火在燃烧。他支撑不住了，头晕目眩，只觉得眼前的世界在杂乱地翻转。

"啊，太阳，我终于靠近你了！就让我永远与你在一起吧，我要认真地把你探索！"夸父虚弱而又欣喜地表达着内心的渴望，说完便"扑通"一声倒下了，倒在了太阳火红的光芒之中。

夸父死后，他的身体变成了一座大山，这就是传说中的"夸父山"。夸父死时扔下的手杖，也变成了一片茂盛的桃林。

如果夸父当年没有行动的目标，恐怕如今也不会流传下"夸父逐日"的神话传说了。

第二章 目标效应——有梦想就有动力

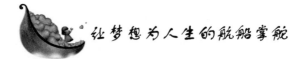
让梦想为人生的航船掌舵

人的一生，要想走向成功，必须有自己的目标，如果没有目标，便犹如大海上没有舵的帆船或是看不到灯塔的航船，就会在暴风雨里茫然不知所措，以致迷失方向。无论怎样奋力航行，终究无法到达彼岸，甚至船破舟沉。有的人一生忙碌，但一事无成，便是因为没有目标，导致人生的航船迷失了方向。

人生只有选定明确的目标，才能在前行的道路上走得又快又直。但在选定目标的同时，还要想到，人生之路有千万条，但每一条路都只能走向一个既定的目标。一个人，不可能同时向南又向北。路只能一步一步地走，目标只能一个一个地实现。你如果什么都想要，最终便什么也得不到。

有一个年轻人，他觉得整个世界都在他的面前。一天，上帝来到他身边说："你有什么心愿吗？你是我的宠儿，我可以为你实现。但只能说一个。"

"可是，"年轻人不甘心地说，"我有许多心愿啊！"

上帝缓缓地摇头："这世间的美好实在太多，但生命有限，没有人可以拥有全部。来吧，慎重地选择，永不后悔。"

年轻人惊讶地问："我会后悔吗？"

上帝说："谁知道呢。选择爱情就要忍受情感的煎熬，选择智慧就意味着痛苦和寂寞，选择财富就有钱财带来的麻烦。这世上有太多的人在走了一条路之后，懊悔自己其实该走另一条道。仔细想想，你真正要什么？"

年轻人想了又想，不知该如何决定，只得对上帝说："让我想想，让我再想想。"

上帝说："但是要快些啊，我的孩子。"

从此，年轻人的生活就是不断地比较和权衡。一天又一天，一年又一年，他不再年轻了，他老了。上帝又来到他面前："我的孩子，你还没有决定你的心愿吗？你的生命只剩下 5 分钟了。"

"什么？"他惊讶地叫道，"这么多年来，我没有享受过爱情的快乐，没有积累过财富，没有得到过智慧，我想要的一切都没有得到。上帝啊，你怎么能在这个时候带走我的生命呢？" 5 分钟后，无论他怎么痛哭求情，上帝还是带走了他。

太多的欲望，往往使人不知如何选择。当你还在举棋不定时，别人或许已经到达目的地了。给自己选定一个梦想，让它为自己的生命掌舵，人生也会因此而出现另一番全新的景象。

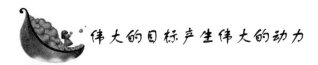

伟大的目标产生伟大的动力

伟大的动力是由伟大的目标而产生的。一个人追求的目标越实际、越远大，其才能也就发展得越快，对社会的贡献也就越多。

哈佛大学心理研究所的怀特博士，对 3000 名美国中学生进行过一次将来上什么样大学的调查。他发现只有 6% 的学生确定了上一流名牌大学的目标，并知道怎样有计划地认真学习，以实现自己的目标。而另外 94% 的学生，要么根本没有志愿，要么志愿不确定，要么不知道怎样去实现志愿……10 年之后，对上述对象又进行了一次调查，结果令人吃惊。在原来的调查对象中，5% 的学生已经找不到了，95% 的学生还能找到。属于上次调查中那 94% 范围内的学生，除了年龄增长 10 岁以外，在学习和实际工作成就方面几乎都没有太大的起色，比较普通和平庸；而属于上次调查中那 6% 范围内的学生，却几乎个个都如愿以偿，上了名牌大学，并在各自的领域里都取得了相当的成功。

哈佛大学心理研究所的怀特博士的调查说明，在事业开始的时候，懂得确立一个实际又远大的目标，绝对是至关重要的。实际又远大的目标是一种动力，可以促使人们自强不息地不断前进。历史证明，没有大到不可能完成的目标，也没有小到不值得确立的目标。只有朝着实际又远大的目标行动，内心的力量，满腔的热血，才会找到方向，才会产生责任感、使命感和荣誉感，才会为成功实现实际又远大的目标而奋力拼搏。

实际又远大的目标，应该是一个目标体系，是远期、中期和近期目标的有机结合，是大目标、中目标和小目标的有机结合。有了这个目标体系，学习、工作和生活中的每一件小事都会变得充满生机与活力，因为前面那实际又远大的目标始终在微笑着向奋力拼搏者招手。

1984 年，在东京国际马拉松邀请赛中，名不见经传的日本选手山田本一出人意外地夺得了世界冠军。当记者问他凭什么取得如此惊人的成绩时，他说了这么一句话："凭智慧战胜对手。"

当时许多人都认为，这个偶然跑到前面的矮个子选手实在是有些故弄玄虚。马拉松是体力和耐力的运动，爆发力和速度都还在其次。只要有超常的体力和耐力，就有望夺冠，说用智慧取胜确实有点勉强。

两年后，意大利国际马拉松邀请赛在意大利北部城市米兰举行，山田本一代表日本参加比赛。这一次，他又获得了世界冠军。

记者又请他谈谈经验与体会。山田本一性情木讷，不善言谈，回答的仍是上次那句话：用智慧战胜对手。这回记者在报纸上没再挖苦他，但对他的回答依然迷惑不解。

10 年后，这个谜终于被解开了。他在自传中是这么说的："每次比赛前，我都要乘车把比赛的线路仔细地看一遍，并把沿途比较醒目的标志画下来，比如第一个标志是银行，第二个标志是一棵大树，第三个标志是一座红房子……这样一直画到赛程的终点。比赛开始后，我就以百米的速度奋力地向第一个目标冲去，等到达第一个目标后，我又以同样的速度向第二个目标冲去。40 多公里的赛程，就被我分解成这么几个小目标轻松地跑完了。起初，我并不懂这样的道理。我把我的目标定在 40 多公里外终点线上的那面旗帜上，结果我跑到十几公里时就疲惫不堪了，我被前面那段遥远的路程给吓倒了。"

山田本一深有感触地概括了目标的魅力：

有很多人的失败，其原因并不在于前进道路上的艰难，而在于

有梦想就有动力

没有科学地确立实际又远大的目标。

还有很多人半途而废、前功尽弃，其原因并不在于没有实际又远大的目标，而在于没有科学地分解那实际又远大的目标。

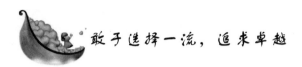

敢于选择一流，追求卓越

凡是在激烈竞争中出类拔萃、脱颖而出的强者，无一不是敢于选择一流，追求卓越，超越自我的勇者。

柏林是美国历史上著名的作曲家之一。在他刚出道的时候，一个月只能赚 120 美元。而当时的奥特雷在音乐界早已是大名鼎鼎，如日中天。

一流人才能够识别一流人才。奥特雷非常欣赏柏林的才能，于是问柏林："你愿意不愿意做我的秘书，薪水在 800 美元左右。"

紧接着，奥特雷又开诚布公地告诉他："如果你接受的话，就只能成为一个二流的奥特雷；如果你坚持不懈地努力，总有一天会成为一个一流的柏林。"

柏林面临着人生与事业的重大选择，面临着在一流与二流之间的重大选择。如果选择二流，可以说是背靠大树好乘凉，能够生活得既很舒适又很滋润；如果选择一流，那将投入刻苦的奋斗、顽强的拼搏与激烈的竞争。

称心如意的二中取一的选择，实际上是根本不存在的。柏林思之再三，决定选择一流，选择"成为一个一流的柏林"。

一个人为之奋斗的目标越高、越实际，他的潜能挖掘得就会越充分，他的才能就会发展得越迅速，他对社会的贡献也就会越大。后来，柏林经过艰难的跋涉，如愿以偿地成为那一时代美国最著名的作曲家之一。

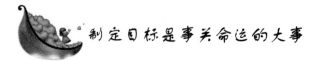
制定目标是事关命运的大事

无论是对个人，还是对团体，制定合理、适度的目标，都是事关命运的大事。

美国加利福尼亚大学的学者做了下面这样一个实验。

把6只猴子分别放在3间空房子里，每间放两只，房子里分别摆放着一定数量的食物，但食物位置的高度不一样。

第一间房子里的食物就放在地上。

第二间房子里的食物悬挂在房顶。

第三间房子里的食物分别从低到高、从易到难悬挂在不同高度的适当位置上。

观察数日后，学者发现：

第一间房子里的两只猴子一死一伤。受伤的猴子缺了耳朵、断了腿，奄奄一息。

第二间房子里的两只猴子都死了。

第三间房子里的两只猴子都活得朝气蓬勃。

究其原因，学者认为：

第一间房子里的两只猴子一进房间就看到了地上的食物。于是，为了争夺唾手可得的食物而大动干戈，结果伤的伤，死的死。

第二间房子里的两只猴子虽然尽了最大的努力，但因食物挂得太高，难度过大，竭尽全力也够不着，最后都活活被饿死了。

第三间房子里的两只猴子先是凭着各自的本能蹦跳取食，然后在房间跑对角线增加助跑距离跳跃取食，最后，随着悬挂食物高度的增加，难度的增大，两只猴子协作互助，一只猴子托着另一只猴子跳起来取食。这样，它们每天都能拿到够吃的食物，都很好地活了下来。

总而言之，这些猴子的不同命运，可以说是食物摆放位置不同的结果。

人当然不同于猴子，但是这个实验很有启示，特别是对管理者或领导者的启示更大。那每间房子里分别摆放的位置高度不同的食物，就好比管理者或领导者所设定的工作目标。

目标太低了，如同第一间房子里的食物，每个人不费力气都可以得到，体现不出能力与水平的差别，不仅识别不出庸才，选拔不出人才，而且成了滋生内耗、争斗、甚至残杀的温床。其结果，无异于第一间房子里的两只猴子的命运。

目标太高了，如同第二间房子里的食物，可望而不可即，努力也是白费劲，不仅良莠不分，而且埋没、扼杀了人才。其结果，无异于第二间房子里的两只猴子的命运。

目标高低适度，如同第三间房子里的食物，能充分发挥出人的潜能和智慧，既竞争又合作，克服困难，共渡难关。其结果，相当于第三间房子里两只猴子的命运。

成功的道路是目标铺出来的

伟大的目标构成伟大的心灵，伟大的目标产生伟大的动力，伟大的目标形成伟大的人物，成功之路就是用目标铺出来的。

心理学家曾经做过这样一个实验：

心理学家组织三组人，让他们分别向着 10 公里以外的三个村子进发。

第一组的人既不知道村庄的名字，又不知道路程有多远，只告诉他们跟着向导走就行了。刚走出两三公里，就开始有人叫苦。走到一半的时候，有人几乎愤怒了，他们抱怨为什么要走这么远，何时才能走到头，有人甚至坐在路边不愿走了。越往后走，他们的情绪也就越低落。

第二组的人知道村庄的名字和路程有多远，但路边没有里程碑，只能凭经验来估计行程的时间和距离。走到一半的时候，大多数人想知道已经走了多远。比较有经验的人说："大概走了一半的路程。"

于是，大家又簇拥着继续向前走。当走到全程的四分之三的时候，大家情绪开始低落，觉得疲惫不堪，而路程似乎还有很长。当有人说："快到了！快到了！"大家又振作起来，加快了行进的步伐。

第三组的人不仅知道村子的名字、路程，而且公路旁每一公里就有一块里程碑。人们边走边看里程碑，每缩短一公里大家便有一小阵的快乐。行进中他们用歌声和笑声来消除疲劳，情绪一直很高涨，所以很快就到达了目的地。

心理学家得出了这样的结论：当人们的行动有了明确目标的时候，并能把自己的行动与目标不断加以对照，进而清楚地知道自己的进行速度和与目标之间的距离，人们行动的动机就会得到维持和加强，就会自觉地克服一切困难，努力达到目标。

有梦想就有动力

这使人联想到罗斯福总统的夫人与萨尔洛夫将军的一次对话。

罗斯福总统的夫人在本宁顿学院念书的时候，打算在电讯业找一份工作，以补助生活。她的父亲为她引见了自己的一个老朋友——当时担任美国无线电公司董事长的萨尔洛夫将军。

将军热情地接待了她，并认真地问："想做哪一份工作？"

她回答说："随便吧。"

将军神情严肃地对她说："没有任何一类工作叫'随便'。"

片刻之后，将军目光逼人，以长辈的口吻提醒她说："成功的道路是目标铺出来的。"

如果将心理学家的结论用萨尔洛夫将军的语言来表达，那就是："成功的道路是目标铺出来的。"

如果人生没有目标，就好比在黑暗中远征。人生要有目标，一堆子的目标，一个时期的目标，一个阶段的目标，一个年度的目标，一个月份的目标，一个星期的目标，一天的目标……一个人追求的目标越高，他进步得就越快，对社会也就越有益。有了崇高的目标，只要矢志不渝地努力，就会成为壮举。

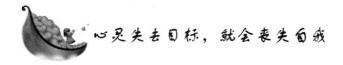

心灵失去目标，就会丧失自我

在雪地里行军是件危险的事，因为它极易使人得雪盲症，以至迷失行进的方向。

起初人们认为，患雪盲症的根本原因是雪的反光太刺眼。可后来人们产生了疑问，若仅仅是因为雪的反光太刺眼，为什么戴上墨镜之后，雪盲症仍然不可避免呢？

后来，美国陆军的研究部门得出了新的结论：导致雪盲症的根本原因并不是雪的反光太刺眼，而是因为除了银白色的世界之外空无一物。

科学家解释说，人的眼睛其实总在不知疲倦地探索世界，从一个落点到另一个落点。要是长时间连续搜索而找不到任何一个落点，它就会因紧张而导致失明。

现在，美国陆军找到了防止发生雪盲症的办法：派先驱部队摇落常青灌木上的雪。这样，在一望无垠的白雪世界中，便出现了一丛丛、一簇簇的绿色景观，搜索的目光便有了一个又一个的落点。

在很多情况下，失去目标都是危险的。眼睛如果失去了搜索的目标，就会失去光明；轮船如果失去了前进的目标，就会偏离航线；奋斗如果失去了明确的目标，就会迷失方向；心灵如果失去了追求的目标，就会丧失自我。

有目标的人与没目标的人不同，即使在纷纭多变的复杂环境中，也不会迷失；即使走得慢，也比徘徊的人要快。雨果说得好："进步，意味着目标不断前移，阶段不断更新，他的视野总是不断变化的。"

37

目标决定你成为什么样的人

一个人追求的目标，往往能决定其成为什么样的人，因为目标引领人生，首要的是选准目标。对乞丐是这样，对所有的人也莫不如此。

有一位从安徽乞讨来到沈阳的壮年人，与我见到的其他的乞丐不同。他稍稍站稳了脚跟，就告别了乞讨的生涯，开始在我们小区的两个垃圾箱捡破烂维持生活。他很勤快，简直像社区的保洁员，每天把垃圾箱周围打扫得干干净净，还天天义务打扫小区的卫生。他很乐观，爱哼小曲，偶尔喝点啤酒。他很和气，见到我们小区的人总是主动打招呼。时间长了，小区的人对他都有好感。物业管理的人看他是个帮手，还为他腾出了一间闲置的旧仓库，让他住。

有一天我问他："对将来的生活有什么打算？"

他说："沈阳人瞧不起收破烂的行当，都是外地人干，将来我想当个老板。"

每个人的命运都是可以改变的，自然包括乞讨。一年后，他真当上了老板，尽管这还不是真正意义上的老板。他不再只守着两个垃圾箱，而是推着一辆"倒骑驴"，走街串巷收起了破烂。又过了一年，他竟然把老家的儿子和侄儿带到了沈阳，三个人三辆车，兵强马壮。每天晚上，他们都汗流浃背地分类整理收来的各种废品，简直像个小收购点。

我请他到家收破烂的时候，发自内心地赞叹道："真成了老板啦！"

他一本正经地说："我开始时的目标就是攒一千元，有了这些本钱，就可以从捡破烂的变成收破烂的。后来，我的目标就越干越高了，用不了几年，我就能发展到有十个人……"

他的话，让我想到了下面两个关于乞丐成功的实验。

以色列的一位行为学家，在年轻的乞丐中搞了一次施舍活动。

施舍物有三种：约合 100 美元的 400 新谢克尔、一套西装和一盆蒲公英。这位行为学家对乞丐的接受情况进行了统计，结果显示：近90％的乞丐要了 400 新谢克尔，近 10％的乞丐要了西装，只有百分之零点几的乞丐要了蒲公英。

10 年后，这位行为学家对当初接受施舍的乞丐进行了跟踪调查，结果是：要新谢克尔的乞丐，基本仍以乞讨为生；要西装的乞丐，却大部分成了蓝领或白领；而要蒲公英的乞丐，几乎全成了富翁。

针对这令众人迷惑的结果，行为学家做出了如下的解释：

要新谢克尔的乞丐，心中追求的目标是不劳而获，结果只能是继续过着乞丐的生涯。

要西装的乞丐，心中追求的目标是改变，哪怕是稍为改变一下自己的形象。正因为他们有了追求改变的目标，才使自己由乞丐变成了蓝领或白领。

要蒲公英的乞丐，心中追求的目标是像蒲公英一样完成生命的使命。这种蒲公英原产于地中海东部的沙漠中，不像一般的植物那样，按季节展示自己的生命。如果没有雨，它们一生一世都不会开花。但是，只要有一场小雨，哪怕是一场很小的雨，也不论这场雨是在什么时候落下，它们都会抓住这难得的机遇，迅速绽放自己的花朵，并在雨水蒸发干之前，做完受孕、结子、传播等所有生命中的大事。

据说，以色列人常把这种蒲公英送给拥有明确追求目标的穷人。他们认为，在这个世界上，穷人就像沙漠里的蒲公英一样，发展自己的机会实在是太少太少。但只要拥有蒲公英一样的品格，在机会来临之际能果断地抓住，努力实现自己追求的目标，穷人会成为一个富裕和了不起的人。

行为学家通过这个实验得了出这样的结论：如果不放弃追求新生活的目标，而且能够珍惜任何一个很小的机遇。即使像乞丐一样的落魄命运，也照样能够改变。

无独有偶，美国心理学家曾雇用一群学生，也做了乞讨如何才能成功的实验。他让请来的学生扮成乞丐，实验的第一阶段，让学生乞讨时不提任何要求，只是被动接受，结果成功率只有44％；实验的第二阶段，让学生提出明确的要求，比如要 25 美分面值的硬币，结果有 70% 的人会慷慨解囊。后者比前者的成功率竟然提高了 26%。

心理学家通过这个实验得出了这样的结论：乞讨的目标越具体明确，就越不会被拒绝，也就越容易成功。

 目标有价值，人生才有价值

一个人，只有确立了自己所要完成的目标，人生才会更有意义。因此，我们要树立自己的目标，树立有价值的目标。

有一次，在高尔夫球场，罗曼·皮尔在草地边缘把球打进了杂草区。有一个青年刚好在那里清扫落叶，就和他一起找球。那个青年一边帮着皮尔找球，一边很犹豫地说："皮尔先生，我想找个时间向你请教些问题。"

"什么时候呢?"皮尔问道。

"哦! 什么时间都可以。"青年似乎颇为意外。

"像你这样说，你是永远没有机会的。这样吧，30 分钟后在第 18 洞见面谈吧!"皮尔说道。

30 分钟后他们在树荫下坐定，皮尔先问他的名字，然后说："现在告诉我，你有什么事要同我商量?"

"我也说不上来，只是想做一些事情。"

"能够具体地说出你想做的事情吗?"皮尔问。

"我自己也不太清楚。我很想做和现在不同的事，但是不知道做什么才好。"青年显得很困惑。

"那么，你准备什么时候实现那个还不能确定的目标呢?"皮尔又问。

青年对这个问题似乎既困惑又激动，他说："我不知道。我的意思是有一天……有一天想做某件事情。"

于是皮尔追问他喜欢什么事。他想了一会儿，说想不出有什么特别喜欢的事。

"原来如此，你想做某些事，但不知道做什么好，也不确定要在什么时候去做，更不知道自己最擅长或喜欢的事是什么……"

听皮尔这样说，青年有些不情愿地点头说："我真是个没有用的人。"

"哪里。你只不过是没有把自己的想法加以整理，或缺乏整体构想而已。你人很聪明，性格又好，又有上进心，有上进心才会促使你想做些什么。我很喜欢你，也信任你。"

皮尔建议青年花两星期的时间考虑自己的将来，并明确决定自己的目标，想到什么，不妨用最简单的文字将它写下来。然后估计何时能顺利实现，得出结论后就写在卡片上，再来找自己。

两个星期以后，那个青年显得有些迫不及待，至少精神上看来像完全变了一个人似的在皮尔面前出现。这次他带来了明确而完整的目标，那就是要成为他现在工作的高尔夫球场的经理。现任经理5年后退休，所以他把达到目标的日期定在5年后。

他在接下来的5年的时间里，确实学会了担任经理必备的学识和领导能力。经理的职务一旦空缺，没有一个人是他的竞争对手。

又过了几年，他成为了公司不可缺少的人物。他根据自己任职的高尔夫球场的人事变动决定未来的目标。现在他过得十分幸福，非常满意自己的人生。

塞涅卡有句名言说："如果一个人活着不知道他要驶向哪个码头，那么任何风都不会是顺风。有人活着没有任何目标，他们在世间行走，就像河中的一棵小草，他们不是行走，而是随波逐流。"

没有目标的人生就像没有方向的航船，只能在海上漫无目地地漂泊。为了掌握自己的人生，先要明确自己的目标，找到努力的方向，再立即采取行动，不断努力提高自己的能力，促进自己的成长，这样才有机会获得满意的人生。

第二章　目标效应——有梦想就有动力

41

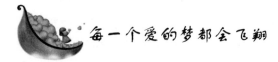

每一个爱的梦都会飞翔

梦想是极其重要的，若是失去了梦想，那么我们的人生就会变得毫无意义。

穷人最缺少的并不是钱，而是成功的欲望和梦想。只要时刻保持这种欲望和梦想，不管别人说什么，在忍耐中不断磨炼人格，最终一定会成就非凡的人生。

一个年仅13岁的女孩，通过报纸寻找好心人、爱心银行——她要贷款50万元，来救助一名同她没有任何血缘关系、身患白血病的大学生，为他做骨髓移植手术。

她的信很快被刊登在报纸醒目的位置上。她要贷款的事情引起了很多人的注意，一时间被炒得沸沸扬扬。

她的情况也同时被登在了报纸上——一个深居偏僻山村贫穷家庭的女孩。父母在她很小的时候就离婚了，她和父亲相依为命，可她不仅得不到父亲的呵护和照顾，反过来还得细心照顾父亲——她的父亲是一个严重的类风湿病患者，完全丧失劳动能力。她从8岁起，就开始用自己幼稚的肩膀担起整个家庭的重担，做家务，照顾父亲，下地干农活……

她也太不自量力了，自己还需要社会的救助，却去贷款救助别人，就算有人愿意贷给她50万，她有能力偿还吗？她毕竟还是一个13岁的孩子呀！

她异想天开的想法，有人敬佩，有人赞美，有人反对，有人怀疑——这到底是不是一个骗局？而更多的人认为，这只是一个动人的童话故事，一个孩子的天真梦想而已。

当人们渐渐将这件事淡忘的时候，奇迹却出现了。一个远在美国的华人发电子邮件给最初刊发这条新闻的媒体，表示愿意贷款给女孩。不过，这笔钱没有偿还期限。

很快，这位华人就兑现了诺言，将钱如数汇入将为大学生做骨

髓移植手术的医院银行账户上。大学生的骨髓移植手术如期完成，而且非常成功，生命得以延续。

故事中的女孩名叫张海霞，大学生叫祁健。张海霞被人们誉为"最可爱的贫困山区女童"。海霞之所以这样做，是要报恩——在祁健生存无望的时候，他将最后的"救命钱"资助给了需要帮助的小女孩张海霞。他决定每年资助她 500 元，直到她大学毕业。而当海霞知道了"真相"后，她决定以自己的实际行动来帮助资助她的好心人。

回过头来想，那位华人为什么要圆张海霞的贷款梦？相信他不仅仅是因为感动，更重要的是，他想让人们相信这样一个事实——每个爱的梦都会飞翔。

很多人终其一生都在贫困的边缘线上不能自拔，其原因就在于他们已经默认贫穷，把贫穷当成生活的必然。在大多数穷人的眼里，梦想无异于痴人说梦。

有梦想的人不管长相美丑，身材高矮，都会信心百倍。而大部分人最欠缺的，正是这种虎虎生威的精神力！

我们这个时代是一个需要梦想的时代。没有创业的梦想，就没有那些在今天推动着世界经济主流的高科技产业和企业群，就没有那些迅速聚集的财富。

 把全部精力集中到一个目标上

即使是最弱小的生命，一旦把全部精力集中到一个目标上也会有所成就。而最强大的生命如果把精力分散开来，最后也将一事无成。

水珠不断地滴下来，可以把最坚硬的岩石滴穿。湍急的河流一路滔滔地流淌过去，身后却没有留下任何痕迹。碌碌无为的人，通常是一群没有梦想、没有方向、浑浑噩噩应付生活的人。其实，任何人都有强大的潜能，只要在心头埋下一个坚定的信念，就能自由调度这些沉睡的潜能去战胜困难、改变现状，开创人生全新的境界！

5 年前，他到南方乡村搞福利工作。他要做的就是让每个人相信自己有自给自足的能力，并激励他们去实现自己的想法。

当他来到一个叫密阿多的小镇后，当地政府帮他召集了 25 个靠政府福利生活的穷人。他和他们一一握手后，问他们的第一个问题是："你们有什么梦想？"

每个人都用怪异的眼神看着他，好像他是外星人。

"梦？我们从来不做梦。做梦又不能让我们发财。"其中一个红鼻子寡妇回答他。

他耐心地解释道："有梦想不是做梦。你们肯定希望得到些什么，希望什么事情能突然实现，这就是梦想。"

红鼻子寡妇说："我不知道你说的梦想是什么东西。我现在最想赶走野兽，因为它们总是想闯进我家咬我的孩子。"大家都笑了起来。

他说："哦！你想过什么办法没有？"

她说："我想装一扇牢固的、可以防御野兽的新门，这样我就可以安心地出去干活了。"

他问："有谁会做防兽门吗？"

人群中一个有些秃顶的瘸腿男人说："很多年以前我自己做过门，现在恐怕不会了。不过我可以试试。"

接着他问大家还有什么梦想。

一位单亲妈妈说："我想去大学里学文秘，可是没有人照顾我的 6 个孩子。"

他问："有谁能照顾 6 个孩子？"

一位孤寡老太太说："我以前帮助别人带过不少孩子，我想我能带好那些可爱的小家伙。"

问题就这样解决了。他给那个秃顶男人一些钱去买材料和工具，然后让这些人解散了。

一星期后，他重新召集那些穷人。他问那个红鼻子寡妇："你家的防兽门装好了吗？"

红鼻子寡妇高兴地说："我再也不用在家守护我的孩子了，我有时间去实现我的梦想了。"

　　他接着问秃顶男人感想如何。他对他说："很多年前我给自家做过防兽门，当时做得也不好，后来我就再也没有做过。这次我想一定要做好，结果真的做好了。许多人说我很了不起，能做那么结实漂亮的门。"

　　他对需要帮助的穷人们说："这位先生的经历是个很好的例子，它说明梦想真的是可以实现的。好多时候不是我们自己没有本事，而是我们故步自封，不愿意去尝试，或者不愿意去努力。"

　　5 年后，当他来密阿多回访时，当年那 25 个穷人中，只有 6 个智力低下的残疾人继续靠政府福利生活，其余 19 人都过上了自给自足的幸福生活。红鼻子寡妇种的咖啡收成很好，秃顶男人成了当地有名的木匠，孤寡老太太开了个托儿所。那个上完大学的单亲妈妈最优秀，她开了一家大家具公司，吸收了许多需要帮助的人到她的公司来就业。

　　目标是构成成功的基石，是成功路上的里程碑。人一旦有梦想、有目标，自然就会为了实现它而发挥更多的心智。当你养成制定精彩的个人成功计划的习惯后，就已经与过去的你判若两人了。有了目标，你就会有一股勇往直前的冲劲儿，因为目标能使你取得超越自己能力的东西。你的生活也将从此变得轻松有趣，人生也将因此精彩纷呈！

梦想即是成为另一个自己

　　梦想是什么？是一种信念、一个目标、一个身份，还是只是一段路？每个人的梦想都不同，可以说，梦想即是成为另一个自己。

　　很多人之所以能够成功，很可能就是因为比别人多做了一个梦。而这个梦的根植可能很早很早，就像先生在《谈梦想》一文中说的："很多人的梦想产生于他的童年。无论小的时候是在屋顶的阁楼上、在谷仓里，还是潺潺的溪水边，每个人都是平等的，都对梦想怀着

第二章　目标效应——有梦想就有动力

45

一颗思慕的心，拥着热切的希望去睡觉，希望醒来后美梦成真。虽然这种事不可能通过一觉实现，但梦想的种子却在那时生根发芽，随着生命的延展，不断激励我们奋斗。"所以，先生鼓励我们拥有梦想，因为它能给我们力量和奋发的精神，而生命也会因梦想而更具价值。

但并不是每一个人都能真实地触摸到自己的梦想。只有在面对困难时能够勇往直前的人，才能够最终采摘到成功的果实，球王贝利就是这样的一个强者。

在巴西，踢球几乎是每个男孩的梦想，贝利也不例外。很小的时候，贝利就渴望成为一名伟大的足球运动员，但是对于穷人家的孩子来说这并不容易。因为家里没有钱，贝利根本买不起足球。

一天，贝利走过他所在的贫民窟的时候，看到有一户人家的晾衣绳上搭晒着许多袜子。他突发奇想，用袜子是不是也可以做一个足球呢？于是他立刻跑回自己的家里，先找到一只最大的袜子，然后不断往里面塞满破布和旧报纸，再尽量把它弄成球形，最后外面用绳子扎紧，一个"足球"就这样诞生了。

贝利非常高兴，他终于有了属于自己的"足球"。尽管有人嘲笑他，但是贝利并不在意。因为这种"布球"里面填充的是破布和报纸，没有足够的分量，所以踢起来轻飘飘的。如果球场是湿的，那这个"布球"就会吸水，慢慢地会沾上许多泥巴。泥巴越滚越多，球踢起来也会比成人踢的标准足球还要重许多。

这样，随着年龄的增长，贝利的脚力越来越大，"球"里面塞的东西也越来越多、越来越重。这使得贝利的球技日益见长，他渐渐能准确地判断出足球和队员位置的变化，并在恰当的时机抢占到最有利的位置进行有效的攻击。贝利不但射门准确有力，还能射出各种旋转球，使守门员防不胜防。可以说，正是那个破旧的"足球"，才练就了贝利独特超群的球技。而支撑贝利一直将这个"足球"踢下去的动力，正是他自己的足球梦。他知道只要自己努力，就一定可以战胜困难，实现梦想。

而事实也正如他想的那样，他凭着自己的努力，一步步走进了足球殿堂。1962 年至 1970 年，贝利带领巴西国家队赢得了两次世界

有梦想就有动力

杯冠军，连巴西总统都称他是"国宝"。自此。贝利就成了闻名全球的球星。

梦想没有高低贵贱之分。音乐天才很可能出自一个根本买不起钢琴的贫寒人家，书法大家在幼时居然是以一根根小树枝来描画……想想贝利光着脚踢球的日子，我们还有什么困难不能克服呢？

只要我们有梦想，就有了实现梦想的可能。梦想不是我们逃避现实的方式，而是让我们寻求另一个更美好的世界的途径。这其中当然需要艰苦的跋涉，但不努力怎知真正的美好。

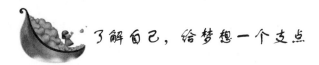

了解自己，给梦想一个支点

柏拉图说每个人的内心都有一个精灵，它指引着我们生活的每一步。但仅有美好的愿景也是不够的，要想拼出美好的人生蓝图，我们还要有一个规划。

现代人强调生涯规划，正是因为人生需要一个构想或蓝图。生涯规划不是事业规划，不是你要挣多少钱，要买多大的房，而是你怎样一步一步接近自己想要的生活。在人生的每一个阶段，要达到一种什么样的自我满足，这才是人生规划的真正内容和目的所在。而要实现这个规划，我们首先要做的就是找出自己的潜能，全面地了解自己，正确地给自己定位，这个定位将是我们实现梦想的一个支点。

我们经常可以看到有很多人抱怨人生不如意，觉得生活太累，没有成就感，这是一件很可惜的事情。因为他们没有能在适当的位置展现自己的才华，甚至还有些人根本就不知道自己适合做什么。要知道，只有找对了位置，你才可能充分展现自己的才华，做出一番成就。每个人都应该找到自己的优势所在，给自己一个正确的定位，并以此为基去实现自己的梦想，经营自己的人生。

给自己一个定位首先要考虑的是自己的兴趣。"兴趣是最好的老师"，只有做自己感兴趣的事，才有可能快乐地工作、全情地投入。

荣膺"世界十大知名美容女士"、"国际美容教母"称号的香港蒙妮坦集团董事长郑明明就是一个找出自己的兴趣和潜力所在，正确定位自己，从而走向成功的典范。

在印尼的华人圈子里，郑明明的外交官父亲很有名望。郑明明读小学时，有一天父亲特地将香港作家依达的小说《蒙妮坦日记》推荐给她。这是依达的成名作品，描写了一个叫蒙妮坦的女孩子经过了爱情、事业的挫折之后，最终实现了自己的梦想的故事。

按照父亲的设想和愿望，女儿以后应该也是个"高等知识分子"。然而，从小就喜欢把自己打扮得漂漂亮亮的郑明明对美的事物更感兴趣。当她在街上看到印尼传统服装——纱笼布上那精美的手绘图案时，她被艺术的无穷魔力深深吸引住了，被那些给生活带来美丽的手工艺人的精湛技艺感动了，从此她便萌发了从事美丽事业的念头。

郑明明坚持要为自己负责，走自己想走的路。于是她瞒着父亲到了日本，在日本著名的山野爱子学校开始了美容美发的学习。

那所学校里都是些富家女，大家每天的生活就是相互攀比，比谁衣服好看，谁打扮得漂亮等。但郑明明不是这样，因为她留学不是为了和她们攀比斗艳，况且她也没有闲钱攀比。

由于得不到父亲的支持，来到日本的她当时身上只有 300 美元，这些钱在交完学费、住宿费后就所剩无几。冬天的时候，她的同学都穿着各式各样的皮衣，而她只有一件破旧的黑大衣御寒。

平时下了课，郑明明还要到美发厅打工。打工一是为了挣钱，二是为了学习人家的经验。在打工期间，她仔细观察每个师傅的技术、顾客的喜好、店里的管理等，以描绘自己未来的事业蓝图。

从日本的学校毕业后，郑明明来到了香港，租了间店面成立了蒙妮坦美发美容学院。

万事开头难，创业初期，她一人身兼数职，既是老板，也做工人；既要迎宾，也管洗头。但坚信"时间就像海绵，要是挤总会有的"的郑明明每天早睡晚起，至少工作 11 个小时。忙碌之余，她还有个雷打不动的习惯，就是到了晚上把白天顾客留的姓名、特征、发型等资料建成档案，以后经常翻阅，也便于下次和顾客沟通。

虽然经历了很多的磨难，但郑明明终于成功了。她接连成立了多家分店，并把战场从香港转向中国内地。从此，人们知道了蒙妮坦，也知道了郑明明。

试想，如果郑明明按照父亲的意愿走上那条中规中矩的道路，凭借她的资质，说不定现在也会很成功，但是很难会比现在的她更辉煌。因为她选择了自己兴趣所在的道路，所以便会激发出自己的潜力，并甘愿付出更多的努力和坚持。

要找到自己的定位，必须首先了解自己的性格、脾气，了解了自己才能对自己有一个合适的定位。在给自己定位时，有一条原则不能变，即你无论做什么，都要选择你最擅长的。只有找准自己最擅长的，才能最大限度地发挥自己的潜能，调动自己身上一切可以调动的积极因素，并把自己的优势发挥得淋漓尽致，从而获得成功。

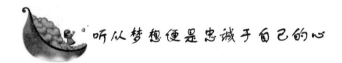

听从梦想便是忠诚于自己的心

从古至今，无数的人在为梦想而奋斗的过程中找到了自己的存在感和满足感，实现了自己的人生价值。听从梦想的召唤，便是忠诚于自己的心。

不需要任何的修饰与点缀，迈克尔·乔丹已然成为篮球的同义词。在星光璀璨的 NBA，是他，重新给篮球定义；是他，把无数个精彩瞬间铭刻在人们的脑海。

乔丹紧张地站在校篮球队的教练面前，满怀渴望地等待他的回答。

"你身高没有超过 1.80 米，所以即使你球打得再好，以后也不可能进入 NBA。"教练如此说道。

教练的话让乔丹失望极了。从小就非常热爱篮球的乔丹很想加入学校篮球队，他把那看作是实现自己梦想的一部分，而现在，这个梦似乎就要破碎了。

乔丹计划着高中毕业后能进入北卡罗来州的一所大学，因为那

49

个大学里有一位非常棒的教练——迪恩·史密斯，经他调教的球员，几乎都会成为未来的 NBA 之星。但想加入这个优秀团队的前提是必须高中时就是校队的优秀球员。

乔丹静下心来思考，他决定再次去找他的高中校队教练。

他诚恳地对教练说："教练，你嫌我个子矮，我就不上球场打球，可是我愿意帮所有的球员拎行李。当他们下场时，我愿意帮他们擦汗。请让我加入这个球队，跟这些球员一起练球，行吗？"教练被乔丹打动了，答应了乔丹的请求。

从那以后，乔丹只要有时间就去练球。为了能使自己长高，他每天都坚持做引体向上等有利于长高的运动。说来也怪，就这样坚持了两年，乔丹居然又长高了 20 厘米，达到 1.98 米，而乔丹全家人的身高没有一个超过 1.80 米的。

1981 年，18 岁的乔丹被他梦寐以求的大学录取了，并顺利进入该大学的篮球队，从此开始了无限辉煌的职业篮球生涯。他曾经 6 次获得 NBA 总冠军，2 次夺得奥运会冠军，5 次赢得最有价值球员称号，3 次当选 NBA 全明星赛最有价值球员，创造了一项又一项的 NBA 纪录，被公认为有史以来最伟大的篮球运动员。

试想一下，当困难摆在你的面前，你会如何选择呢？比如因个子矮而被学校的篮球队拒之门外，你还会为了梦想而选择坚持吗？

有时，困难看起来无法逾越、难以克服，但只要你全力争取了，追梦的旅途就会成为一个提高自己的过程。而如果遭受一点打击和否定就茫然无措，那么，来自任何方向的风都会把理想的小舟埋葬在大海里。是的，只要我们一心朝着目标前进，整个世界都会为我们让路。

第三章　努力进取——别让梦想等太久

　　如果聪明人总以为自己知道的很多而不再努力，就会逐渐变成愚钝人；如果愚钝人总以为自己知道的很少而不断努力，就会逐渐变成聪明人。

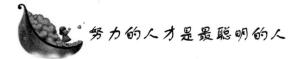

努力的人才是最聪明的人

约翰和汤姆是相邻两家的孩子，他俩从小就一起玩耍，一起上学。约翰是一个极其聪明的孩子，学什么都是一点就通，考试常常名列前茅。大家都夸他天资过人，他自己也感到自豪与骄傲。与约翰相比，汤姆的脑子显然不够机灵，甚至有点愚钝。尽管汤姆也很用功，但学习成绩却难以进入前十名。时间久了，他时常流露出自卑与无奈的表情。

然而，汤姆的母亲却总是鼓励他："在开始的时候，尽管有些奔驰的骏马总是呼啸着遥遥领先，但首先抵达目的地的，却往往是有非凡耐心和毅力的骆驼。如果你能坚持不懈地努力，就完全可以做出连自己都感到吃惊的成绩。"

后来，汤姆母亲的话果真被事实所验证。聪明的约翰自诩是个聪明人，但一生业绩平平，没能成就任何一件大事。而自觉很笨的汤姆，却不断地从各个方面充实自己，一点点地超越自我，最终成就了辉煌的业绩。

约翰愤愤不平，以至于郁郁而终。他的灵魂飞到了天堂后，质问上帝："我的聪明才智远远超过汤姆，我应该比他更出类拔萃才是，可为什么你却让他成了人间的佼佼者呢？"

上帝笑了笑说："可怜的约翰啊，你至死都没能弄明白，我把每个人送到世上，在他生命的'褡裢'里都放了同样的两件礼物——'聪明'与'努力'。只不过你把'聪明'放到了'褡裢'的前面，把'努力'放到了'褡裢'的后面。你因为常常看到或触摸到'聪明'而沾沾自喜，却忽视了'努力'，所以聪明反被聪明误，一生业绩平平！而汤姆与你恰恰相反，把'努力'放到了'褡裢'的前面，把'聪明'放到了'褡裢'的后面。他看不到自己的聪明，并由自卑转变为努力，总是锲而不舍地努力！努力！再努力！向前！向前！再向前！所以，他成就辉煌。"

约翰又问："照你这么讲，那聪明人和愚钝人是可以相互转化的吗？什么样的人才是最聪明的人呢？"

上帝又笑了笑说："是的，是这样。用进废退，概莫能外。如果聪明人总以为自己知道的很多而不再努力，就会逐渐变成愚钝人；如果愚钝人总以为自己知道的很少而不断努力，就会逐渐变成聪明人。只有不断努力的人，才是最聪明的人。"

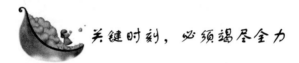

关键时刻，必须竭尽全力

谁要想出类拔萃、创造奇迹，仅仅做到尽力而为还是远远不够的，特别是在关键时刻，还必须竭尽全力。

在美国西雅图的一所著名教堂里，有一位德高望重的牧师——戴尔·泰勒。

有一天，他向教会学校某班的学生们讲了下面这个故事。

那年冬天，猎人带着猎狗去打猎。猎人一枪击中了一只兔子的后腿，受伤的兔子拼命地逃生，猎狗在其后穷追不舍。可是追了一阵子，兔子跑得越来越远了。猎狗知道实在是追不上了，只好悻悻地回到猎人身边。猎人气急败坏地说："你真没用，连一只受伤的兔子都追不到！"

猎狗听了很不服气地辩解道："我已经尽力而为了呀！"

兔子带着枪伤成功地逃生回家了，兄弟们都围过来惊讶地问它："那只猎狗很凶呀，你又带了伤，是怎么甩掉它的呢？"

兔子说："它是尽力而为，我是竭尽全力呀！它没追上我，最多挨一顿骂，而我若不竭尽全力地跑，可就没命了呀！"

泰勒牧师讲完故事之后，又向全班郑重其事地承诺："谁要是能背出《圣经·马太福音》中第五章到第七章的全部内容，他就邀请谁去西雅图的"太空针"高塔餐厅参加免费聚餐会。"

《圣经·马太福音》中第五章到第七章的全部内容有几万字，而且不押韵，要背诵其全文无疑有相当大的难度。尽管参加免费聚餐会是许多学生梦寐以求的事情，但是几乎所有的人都浅尝辄止，望而却步了。

几天后，班中一个 11 岁的男孩，胸有成竹地站在泰勒牧师的面前，按要求从头到尾地背诵下来。他背得那么好，竟然一字不漏，没出一点差错。他的背诵听起来那么美妙，简直就是声情并茂的朗诵。

泰勒牧师比别人更清楚，就是在成年的信徒中，能背诵这些篇幅的人也是罕见的，何况是一个孩子。泰勒牧师在赞叹男孩那惊人记忆力的同时，不禁好奇地问："这么长的文字，你是怎样背下来的？"

这个男孩不假思索地回答道："我竭尽全力。"

16 年后，这个男孩成了世界著名软件公司的老板，他就是比尔·盖茨。

泰勒牧师讲的故事和比尔·盖茨的成功背诵对人很有启示，每个人都有极大的潜能。正如心理学家所指出的，一般人的潜能只开发了 2%～8% 左右，像爱因斯坦那样伟大的大科学家，也只开发了 12% 左右。一个人如果开发了 50% 的潜能，就可以背诵 400 本教科书，可以学完十几所大学的课程，还可以掌握二十来种不同国家的语言。这就是说，我们有 90% 的潜能还处于沉睡状态。

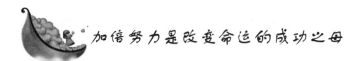

加倍努力是改变命运的成功之母

1954 年 11 月 14 日，一个黑人女孩出生于美国亚拉巴马州的伯明翰，她就是康多莉扎·赖斯，她的父亲曾任丹佛大学副校长，母亲是小学音乐教师。

从女儿懂事起，父母就反复告诉她："如果你付出双倍的努力，就能赶上白人的一半；如果你付出四倍的努力，就能与白人并驾齐驱；如果你付出八倍的努力，就一定能将许多白人甩在身后。"

从刚懂事开始，赖斯就在人生的跑道上留下了付出八倍努力的

有梦想就有动力

足迹。

1958 年，年仅 4 岁的她为了表示对一位老师的敬意，在一个咖啡馆举行了首场独奏音乐会，展示了她跟母亲学弹钢琴的成绩。

1965 年，父亲带着 11 岁的赖斯去华盛顿游玩，并在白宫的总统办公室桌前拍照留念。父亲满怀深情地对她说："即使你在餐馆里连一个汉堡也买不起，你也有可能当上美国总统。"当时，她说出了一句让父亲无比欣慰的话："总有那么一天，我会在白宫工作。"

1969 年，15 岁的她便成为丹佛大学的学生，学习英国文学和美国政治学。

1974 年，20 岁的她大学毕业，成为获得政治学荣誉奖的学生之一，同时她还获得杰出高年级女生奖。

1975 年，她获得圣母大学的政治学硕士学位。

1981 年，27 岁的她获得丹佛大学国际研究生院政治学博士学位，成为斯坦福大学教授。

1985 年至 1986 年，她任胡佛研究院研究员。

1988 年大选后，老布什总统的国家安全事务助理斯考克罗夫，把赖斯揽到门下，让她主管前苏联事务。

1989 年，刚满 34 岁的赖斯出任乔治·布什总统的国家安全事务特别助理，成为有史以来美国政府中职位最高的黑人妇女。

1993 年至 1999 年，她出任斯坦福大学教务长，成为该校历史上最年轻的教务长，也是该校第一位黑人教务长。

2000 年，在美国大选时，她作为共和党总统候选人乔治·沃克·布什的首席对外政策顾问，出谋划策。布什当选总统后，任命她为总统国家安全事务助理，成为布什总统的得力助手。

2001 年 1 月 22 日，布什正式入主白宫。他率领内阁高级官员在白宫东翼大厅举行了就职宣誓仪式，赖斯站在布什高级顾问卡尔·罗夫的左侧："我，康多莉扎·赖斯庄严宣誓，我将支持并保卫美国宪法不受任何国内外敌人的侵犯；我将对美国宪法保持忠诚；我是自愿承担这一义务的，精神上无所保留与逃避；我将忠实履行将要就任的职务，愿上帝帮助我。"

2002 年 2 月，赖斯随布什总统访华。

第三章　努力进取——别让梦想等太久

55

2004 年 7 月，赖斯对中国进行访问。

2004 年 8 月，美国《福布斯》杂志评出世界 100 位最有影响力的女性，50 岁的赖斯名列榜首，而美国第一夫人劳拉·布什屈居第四，前第一夫人希拉里则排在第五位。

2005 年 1 月，她出任国务卿，是继克林顿政府的马德琳·奥尔布赖特之后美国历史上第二位女国务卿。布什对她给予高度的赞扬，国务卿是"美国的脸"，世界将从赖斯博士的身上看到美国的力量、仁慈和风度。

康多莉扎·赖斯付出八倍努力的足迹，似乎在告诉黑人，在告诉白人，在告诉天下所有的人：尽管人生下来就存在着种种的不平等，但加倍努力无疑是可以改变卑微命运的成功之母。

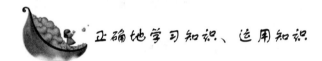
正确地学习知识、运用知识

读书是学习，使用也是学习，而且是更重要的学习。学习的根本目的，特别是在职学习的目的，不在于应付考试，而在于应用。

2003 年年底，联合国在京沪两地招考国际公务员。初试包括半小时的听力测验，两个半小时的笔试，试题全部是英语或法语。在应试的 3000 人中，只有 16 人通过了笔试。

考题给考生留下最深刻的印象有两点：第一是阅读，从一篇文章中抽出若干句子，要求考生根据自己的理解，将句子逐一还原到文章中。第二是作文，试述入世将对中国产生的影响。一位考生说："我心里明白，可就是表达不好。联合国的这次考试，可真把语言当成工具来考了。"另一位考生说的更加直白："这样的考试，做再多的模拟题也没用。"

国家人事部的官员评论说："这种考试难就难在没有复习范围，只有真正能够熟练地运用英语或法语来思考、表达，同时又具备扎实的专业知识的人，才有可能胜出。联合国招考国际公务员的试题，侧重检测考生实际运用知识的能力，而不是侧重检测应试教育的做题能力。"

从联合国的这次考试，不禁联想到了英国哲学家弗兰西斯·培根对学习的论述。

培根把治学方法分为三类：第一类是蚂蚁式的。专靠搜集别人作品，仅做一般搬运与储存，东拼西凑，草草成篇，署上自己大名。第二类是蜘蛛式的，只讲求内在的独立思考，凭自己腹内有限之物而吐出，终有枯竭之日。第三类是蜜蜂式的，外求与内思相结合，不断吸取群芳的精华，再经过辛勤的酿造而成，这是合理的治学方法。

培根还说："我们不应当像蚂蚁，只是收集；也不可像蜘蛛，只从自己的肚子中抽丝；而应像蜜蜂，既采集，又整理，这样才能酿出香甜的蜂蜜来。"

教育家第斯多惠曾这样说："一个坏的教师奉送真理，一个好的教师则是教人发现真理。"而教会学生有效地利用时间，正确地学习知识、运用知识，则是教会学生发现真理的前提和基础。

加拿大医师奥斯勒在医学方面有过很多贡献，比如医学上以他的姓氏命名的术语有奥斯勒结节、奥斯勒氏病，他还成功地研究了第三种血细胞等。他是一个身兼许多工作而又极端负责的人，除了睡觉、吃饭外，时间几乎完全被工作排满了。

为了挤出时间读书学习，他为自己定下一个不可变通的制度："每天睡觉之前必须读 15 分钟的书。"不管忙碌到多晚，就是凌晨两三点钟进卧室，他也一定要读完 15 分钟的书之后才肯入睡。

每天 15 分钟的读书似乎微不足道，但持之以恒坚持数年，却是不可轻视的积累。

奥斯勒是这样计算的：

每天读书 15 分钟，一周就是 105 分钟，一个月按 30 天算就是 450 分钟，一年就是 5400 分钟，五十年就是 270000 分钟，相当于 4500 小时，1875 个日夜。

按一般人的阅读速度计算，一分钟可以阅读 300 字，15 分钟便能读 4500 个字，一周可读 3.15 万字左右，一个月按 4 周算读完 12.6 万字没有问题。那么一年呢，将读完 151.2 万字了。如一本书平均以 7.5 万字算，每天读 15 分钟，一年就可读 20 本书。

奥斯勒这一睡前读书 15 分钟的制度，整整坚持了半个世纪之久，他共读了 8235 万字，1098 本书！

每天坚持睡觉之前读 15 分钟的书，使奥斯勒博学广纳，不仅成了一位著名的医学专家，而且还成了一位著名的文学研究专家。

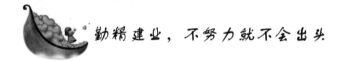

勤精建业，不努力就不会出头

勤精建业，如果你的努力不如别人多，就永远不会有出头的机会。

李昌钰是美国警界有史以来职位最高的亚裔执法官员。他参与了美国及世界 17 个国家 6000 多起重大刑事案件的调查和侦破。在震惊世界的"肯尼迪暗杀案"、"克林顿性丑闻案"、"辛普森杀妻案"、"9·11"事件后法医勘查等大案要案的调查和侦破中，都留下了他明察秋毫的睿智和不受外力所干扰的独到见解。他开创了科学证据定罪的先河，被誉为"物证鉴识大师"、"现场重建之王"、"现代福尔摩斯"、"犯罪克星"。

许多人都知道，在看起来人人平等的美国，有一个无形的限制：如果不是白人，奋斗到一定的地位与层次，几乎就再也上不去了。但是，李昌钰却打破了这个惯例。1998 年 7 月，他在康州州长的邀请下出任警政厅厅长，成为美国警界职位最高的亚裔人士。

李昌钰究竟有着怎样传奇的人生经历呢？

1938 年 11 月，李昌钰出生在中国江苏省如皋县，4 岁那年随父母举家迁居中国台湾。由于父亲在海上遇难，全家 13 个孩子全由母亲一人抚养，家境甚为贫寒。他只有一双鞋，常常是赤脚上学，到了学校门口才穿上。为了省钱，1956 年，18 岁的他考入了台北中央警官学校，毕业后做了一名普通警察。

1964 年，李昌钰和夫人带着两只箱子赴美国留学。下飞机时，他身上只有 50 美元。为了凑足学费，他半工半读，一度身兼数职。

他做过餐馆的服务员、证券行的小职员，还教过中国功夫。这样的生活持续了十年，但他却用两年半的时间修完了四年的大学课程。美国的大学毕业典礼需要学生自己掏腰包，他没有钱参加学校的毕业典礼，于是将毕业典礼放在家里举行。

1975年，他在获得纽约大学生物化学及分子化学硕士和生化博士学位之后，应聘康州纽海芬大学，两年后升为终身教授及系主任。他高兴地告诉妻子宋妙娟，现在可以叫他李博士或者李教授了。

1979年，康州州长邀请李昌钰担任康州刑事鉴识中心主任，不过每年的薪水将至少减少两万美金。他的母亲告诉他，钱多钱少没关系，为中国人争口气是最重要的。李昌钰上任后，果然以精湛的鉴定技术屡破奇案，逐渐成为享誉全美的警界精英。

1998年7月，他荣任美国康州警政厅厅长。如今，68岁的李昌钰仍担任着康州政府荣誉刑事鉴识中心主任，以及国内外很多著名大学的名誉教授。

有人曾向李昌钰请教："怎样才能将梦想变成现实？"

他回答说："现在很多人把我说得太神奇、太超乎寻常了。其实自己是个普通人，靠的是不断接受最新的科技，靠的是勤奋努力，靠的是团队精神。人生要有目标，要有理想，这样才能将昨天的梦想变成今天的现实。"

也有人曾向李昌钰请教："成功是不是主要靠运气？"

他回答说："运气固然很重要，但更重要的是能够坚守理想，知难而上，知其不可为而为之。只有这样，你才能成功。"

还有人曾向李昌钰请教："成功的秘诀是什么？"

他用49个字道出了走向成功之路的关键所在："确定人生的目标，培养强烈的欲望，运用潜在的意识，训练合理的判断，建立创造的信心，不断的自我改进，有效地利用时间。"

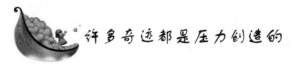
许多奇迹都是压力创造的

美国麻省理工学院公布了用一个南瓜做的实验：

实验人员用很多铁圈将一个小南瓜整个箍住，以观察当南瓜逐渐长大时，对这个铁箍产生的压力有多大。起初他们估计，南瓜最大能够承受大约500磅的压力。

在实验的第一个月，这个南瓜承受了500磅的压力；实验到第二个月时，南瓜承受了1500磅的压力；当南瓜承受到2000磅的压力时，研究人员为了防止南瓜将铁圈撑开，不得不对铁圈进行了加固；当南瓜承受到了5000磅的压力时，瓜皮出现破裂，实验到此结束。

实验人员打开了南瓜，发现它已经无法再食用，因为它的中间长满了坚韧的层层纤维，试图突破包围它的铁圈。为了吸收充分的养分，以达到突破铁圈的目的，它的根部竟然延展了几万英寸。

也许是受到了美国麻省理工学院南瓜实验的启发，英国科学家又用多个南瓜做了实验：

实验人员在很多同时生长的小南瓜上面加了不同的重量。其中对一个南瓜加的重量循序渐进不断变化，从几克到几十克、几百克、几千克，直到压上了几百斤的重量，达到了它所能承受的极限。

当南瓜成熟的时候，实验人员决定把所有的南瓜都切开，看看它们究竟有什么不同。

随着手起刀落，一个个南瓜都被轻而易举地打开了。只有承受重量最大的南瓜，不仅把刀弹开了，而且把斧子也弹开了。最后，这个南瓜是用电锯吱吱嘎嘎锯开的。

实验人员研究认为，这个南瓜的果肉强度已经相当于一株成年的树干！

上面的这两个实验，实际上都是关于生命力的实验。这说明，只要是在生命极限的范围内，只要生命积极勇敢地面对压力，就能用压力激发潜力，就能将压力变成动力，就能创造出令人震惊的奇迹。既然南瓜能创造出令人震惊的奇迹，那么人也一定能创造出更加令人震惊的奇迹。

应该感谢压力，因为有许多奇迹都是压力创造的。

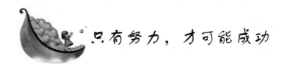

只有努力，才可能成功

上海东方卫视台有一个介绍对象的栏目，叫做《相约星期六》。在一天的这个节目里，主持人请来了已经结婚的六对嘉宾。

主持人问其中的一位女生："你是哪一期的？几号？"

女生说："我是第五十五期的六号。"

主持人："你先生也是第五十五期的吗？"

女生："他不是。"

主持人："噢，那他是谁啊？"

女生："他是电视观众。"

主持人："那你们两个人是怎么认识的？"

女生："在做完那期节目以后的几个星期内，我收到了八十一封信。"

主持人："这么多啊，你还记得那么清楚，八十一封啊！"

女生："我当然记得很清楚，特别是只有一个人写了两封信，就是我先生。"

主持人："真的？两封信怎么就结成伉俪了呢？"

女生："其实我不太愿意跟他通信联系，因为我们不是很熟悉。但是他第二封信里有一句话感动了我，后来我就给他回了一封信。"

主持人："噢，是信里的哪一句话？"

女生："'请你给我一次机会，我将还你一生的幸福。'就是这句话打动了我。"

主持人问完六号女生，又问那个男生，也就是她的先生："你当时怎么会想到写两封信的？"

那个男生说："那天晚上我看《相约星期六》，与以前的感觉大不一样。我一看到六号女生，也就是我现在的妻子，就兴奋得不得了，认定她就是我要找的女朋友，所以我下决心给她写了两封信。"

主持人问完之后，做了这样的分析：

《相约星期六》这个节目播出以后，按最保守的估计，十几个省至少得有七八千万人观看了这期节目。在这些电视观众中，大概能有七八万的男生觉得六号女生很不错。但在七八万觉得不错的男生中，只有千分之一的男生写了信。也就是八十个男生主动地给她写了一封信，其中只有一个男生写了两封信，就是她现在的丈夫。尽管很多人喜欢六号女生，但只有她的先生一个人成功了。

这样一来就可以引出一个值得思考的问题：写了两封信的男生一定是七八万喜欢六号女生的男生里面最聪明、最能干、条件最好、最适合她的吗？回答是难以肯定的。但是有一点他是与众不同、出类拔萃的，那就是他比任何人都积极、都主动、都努力，所以他捷足先登成功了，所以他赢得了爱情。试问：如果连写一封信的勇气都没有的人，又怎么可能有成功的机会呢？

主持人的分析具有普遍意义。在今天这个充满竞争的社会里，主动、积极、努力并不一定就能成功，但不主动、不积极、不努力，就注定不能成功。就是说，只有努力，才可能有机会；只有努力，才可能成功。如果连一张彩票都不买，又怎么可能有中彩的机会呢？

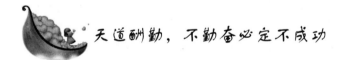

天道酬勤，不勤奋必定不成功

勤奋，自然让人感到会很辛苦，甚至会很痛苦，但是，如果把工作变成可爱的事业，也就苦中有乐了。勤奋虽然不能保证一个人必定成功，但不勤奋却必定不能成功。

1904 年，原一平出生于日本长野县。23 岁时，他离开长野县到东京谋生。30 岁时，他步入明治保险公司，成为一名"见习业务员"。

1936 年，大家对年仅 32 岁的原一平刮目相看了，因为他创下了全日本同行业销售业绩的第一名。36 岁时，他被誉为日本的推销之神，成为全日本人寿保险推销员协会的会长。他因对日本寿险的卓越贡献，获得了日本政府颁发的人寿保险最高殊荣奖，并且成为美国百万圆桌协会的终身会员。

在一次大型演讲会上，台下有数千人静静地等待着原一平的到来，渴望能聆听到他获得成功的秘诀。10 分钟之后，原一平终于来到了会场。他走上讲台，坐在椅子上，但一句话也不说。半个小时过去了，有人等得不耐烦了，陆陆续续地离开了会场。1 个小时过去了，他仍然坐在椅子上，还是一句话也不说。会场上的大部分人已经走了，只剩下了十几个人。

此时，原一平终于开口说话了，他说："你们是一群求知欲和忍耐力最强的人，我愿意同你们一起分享我成功的秘诀。但不是在这里，而是在我住的宾馆。"于是，十几个人都跟着他走了。

到了宾馆的房间后，原一平脱下外套，脱掉鞋子，坐在床上，把袜子也脱了，然后把自己的脚板亮给十几个人看。人们看到，原一平的双脚布满了老茧，有厚厚的 3 层。原一平说："这就是我成功的秘诀。所谓的推销之神，其实是靠勤奋跑出来的。"

美国著名的作家和演讲家莱斯·布郎先生，也曾用自己的老茧向别人介绍成功的秘诀。

在一次演讲会上有人问他："众所周知，如今您的演讲酬金高达每小时 2 万美元。您演讲成功的秘诀是什么呢？"

他指了指左耳上厚厚的老茧，语重心长地说："我初涉演讲界时，一没名气，二没资历，更缺乏个人魅力和经验。可我决心在这个领域里干出点名堂来，不达目的决不罢休。于是，我一天到晚不断地给演讲界的众多名人打电话，虚心向他们学习演讲技能，请求他们帮助联系演讲业务。成名初期，我每天至少打 100 多个电话，请求各位老师给我机会到他们那里讲演，以便接受他们的指导……这个老茧就是我成功的见证和记录。"

原一平和莱斯·布郎先生都告诫渴望知道他们成功秘诀的人，无论时代怎样发展，无论社会怎样进步，勤奋永远都是任何成功人

第三章 努力进取——别让梦想等太久

63

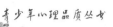

士所必备的品质。

1988 年至今，刘德华在世界各地所获得的奖项及荣誉已超过300 项，其数目之多，被列入吉尼斯世界纪录大全，成为演艺史上的一项世界纪录。1999 年，香港政府将"香港十大杰出青年"的光荣称号授予了刘德华。

在香港，很多人提到刘德华，既不说他是偶像，也不说他是明星，而是说："刘德华是香港演艺圈的精神领袖，是香港的精神领袖。"

刘德华为什么会获得如此非凡的成功呢？

有人说他"很香港"，意思是说，他由最底层的草根阶层起步，凭着不屈的精神和顽强的意志力，开创了一番事业。

有人说，他是一个笨鸟先飞的成功典型。

也有人说，他天分特别好，机遇特别好。

刘德华自己则说："我之所以能成功，主要靠的是两个字——勤奋。别人花一个小时能做成的事，我情愿花三个小时做成。下的功夫比别人多三倍，甚至更多倍。有的人可能会不停地抱怨自己比别人付出的勤奋多，我却能尽情地享受不达目的的誓不罢休的勤奋。"

香港一位很有影响的电台老板。在刘德华刚出道的时候听过他唱歌，当即下了评语："此人根本不懂唱歌，也没有唱歌的天分。"从此以后，他不再听刘德华的歌，而且还在多种场合表示："在四大天王之中，刘德华是最差的一个，根本不够天王。完全不应该称四大天王，而应该称三大天王。"

有一次，刘德华当面向他请教："你觉得我唱歌在哪些方面不行？怎样才能改进？"

他表示："自从最初得出我的结论之后，就再没有听过你唱歌，因为觉得没有必要。"

刘德华明白了，原来他是先入为主，凭着最初的那种印象做出了判断，而忽略了人是可以转变的。以后，刘德华每次在香港开演唱会，都主动送票给他。每次站在台上，刘德华也会认真地看一看台下那个位置是否有他的身影。虽然一直没有看到他，但刘德华并不气馁，仍然是送票不误。

有梦想就有动力

2001 年的一次演出，站在台上演唱的刘德华，终于看到他坐在台下的嘉宾席上。大概他觉得刘德华送了十几年的票，自己再不去听一听，于情于理也确实有些说不过去。他非常认真地听完了整场演唱会，并且对刘德华的监制说："我一直觉得华仔不会唱歌，现在看来是我错了，华仔真的很会唱歌。"

事后刘德华说："如果他今年还不来听，或者听了也不喜欢，那我就继续努力，继续请他来听，直到他满意为止。"

勤能感人。这就是刘德华在演唱事业上表现的勤奋，同时也是在享受不达目的誓不罢休的勤奋。

刘德华唱歌红了以后，开始尝试自己写歌词，结果遭到歌坛一位前辈词作者的猛踩。这位前辈多次利用做节目或者是接受采访的机会说："华仔填词？他现在文理都还没学好呢，应该先去中文系学几年再说。"

刘德华就是不服输，越有人看不起他，他的斗志就越昂扬，也越下苦工夫。功夫不负有心人，后来刘德华在这方面的才能，竟然是一天胜过一天。

刘德华谈到这段经历时说："多年来我填词，我尊敬的这位前辈从说我填出来的歌词文理不通，到赞我愈写愈好，其间无论是批评还是鼓励，都让我获益良多。"

勤能补拙。这就是刘德华在填词事业上表现的勤奋，同时也是在享受不达目的誓不罢休的勤奋。

张艺谋是一位极其优秀的导演，在演员心目中有不可替代的地位，演员都渴望被他选中角色。在张艺谋刚红不久，就是拍《古今大战秦俑情》前往香港做宣传的时候，刘德华第一次认识他，便向他提出要求，希望充当张艺谋戏中的角色。

可是十几年过去了，张艺谋一直都没给刘德华机会。刘德华并不放弃，而是继续努力，只要见到张艺谋，便会提出同样的要求，一直要做到张艺谋认可为止。

张艺谋不知是被他的执著打动了，还是真的觉得他会演戏了，筹拍《十面埋伏》的时候，给了他一个角色。

事后，记者就刘德华的演技采访了张艺谋。他说："没料到，刘

65

德华真的很勤奋，很会演戏。他竟然能够拍同一个镜头时，连哭5次。"

天道酬勤，这就是刘德华在电影事业上表现的勤奋，同时也是在享受不达目的誓不罢休的勤奋。

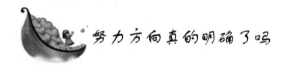

努力方向真的明确了吗

在人生的道路上，你要不断地提醒自己，努力方向真的明确了吗？

有一位年轻人，跋山涉水不怕辛劳，终于找到了德高望重、心中景仰的老禅师。他向老禅师请教："怎样才能使自己的人生更成功？"

老禅师没有马上回答他的问题，而是问："年轻人，请告诉我，你想从生命中得到什么呢？"

年轻人不解地问："对不起，您的意思是……"

老禅师说："你想从生命中得到什么？就是要明确回答你的努力方向，比如幸福、财富、地位……"

"嗯……我想要健康、快乐……当然，还有富足。"年轻人不好意思地回答道，"这些，难道不是很多人梦寐以求的吗？"

"是的，但这也恰恰是很多人没能真正拥有健康、快乐和富足的原因。"

年轻人糊涂了："您这话是什么意思呢？"

老禅师反问："如果你不知道在人生的道路上要寻找什么，又怎么能够找到它呢？"

年轻人坚持道："可是我刚才不是说了吗？我要健康、快乐和富足。"

"可是，你说的这些太笼统了，太抽象了，太宏观了，缺乏明确而具体的指向性和操作性，所以也就太模糊不清了，真正执行起来就会很困难。这就如同老虎吃天，无从下口一样。"

年轻人急忙说："对不起，我还是不太明白您的意思。"

"好！我可以说得更明白一点儿，比如你必须赚多少钱才会感到富足呢？"

年轻人似乎理解了老禅师的意思，想了想说："我至少需要赚比现在的薪水多两倍的钱，才会感到富足。"

"好！除了薪水还有别的吗？"老禅师微笑着问。

"我还想要有一栋房子，一辆车，并且没有贷款负担。"

"什么样的房子？哪个牌子的车？"老禅师打断他说。

"我不知道。"年轻人回答，"那个并不重要，随便什么样的都可以。"

"是吗？"老禅师说，"那么，连卫生间都没有的房子，周围环境脏乱差的房子，你也觉得可以接受吗？"

"不！那当然不行！"年轻人说。

"那你究竟要什么样的房子才行呢？"老禅师又问。

"我最想要的房子必须有一间书房，有两个卧室，有大客厅，有小餐厅，最好位于城市的商业中心地带，因为我从事商业工作。"

"好！现在你想的房子已经越来越清楚了，可你想一想，只赚到比现在的薪水多两倍的钱能负担得起吗？"

年轻人有些不好意思地笑了："不能，就是赚比现在多五倍的钱，我也买不起这么贵的房子。"

"既然这样啊，那你刚才为什么说只要赚到薪水两倍的钱。你就会感到富足呢？"

"噢……那时，我的确还没有认真地思考好这个问题。"年轻人坦率地承认。

老禅师说："你现在看到自相矛盾了吧？通常很多人都会说想要健康、快乐和富足，但是很少有人把自己的奋斗目标具体化，使之具有极强的可行性和操作性。这样的奋斗目标，不能给人提供明确的努力方向，也不能引导人走向成功。方向就是战略，就是目标。只有把方向搞明确了，思路搞清晰了，措施才能具体化。然后通过坚持不懈的努力，才可能实现理想的目标。这个道理也可以用一个简洁的公式表示：方向明确＋扎实努力＝人生的成功。"

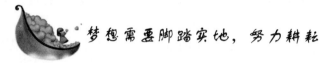

梦想需要脚踏实地，努力耕耘

人生需要梦想，那是我们前进的方向和动力，然而梦想绝不是空中楼阁、海市蜃楼，它植根于现实，需要脚踏实地地努力耕耘，需要辛勤劳作的汗水浇灌，梦想才能绽放出奇葩，结出丰硕的果实。

卡洛是位意大利人，他年轻时拥有一个梦想，那就是登上奥运会的冠军领奖台。从 1933 年起，他在意大利跳水界几乎没遇到过对手。一场场胜利，给卡洛带来了荣誉，也冲昏了他的头脑，让他看不到更高的目标和更远的路。或者说，胜利让他无法迈上更高的平台。

在 1936 年柏林奥运会上，卡洛只获得跳水比赛的第十名。他一次次跳入清凉的水中，刺激着自己的大脑，想让自己逐渐清醒过来，认识到意大利跳水与世界跳水的差距。折翼而归之后，没有人责怪卡洛，领队对他只说了一句话："你的梦想太大，离现实太远。"

由于年龄的问题，卡洛已经不适合再参加奥运会了，虽然他在世界跳水界排名落后，但在意大利还占据着霸主地位。退役后，卡洛成为意大利跳水队的教练。1947 年，卡洛的儿子克劳斯出生了。卡洛突然萌生了一个念头，他要让儿子去延续自己的梦想。克劳斯10 岁时，卡洛就把儿子带在身边，让他参加跳水训练。克劳斯自幼受父亲的影响，也非常喜爱跳水运动。卡洛给儿子制订了严密的训练计划，这个计划是当年教练给他制订的，不同的是，卡洛将训练时间增加了一倍，将动作的难度系数也提高了。

几年后，克劳斯已经成为跳水界的一颗明星。为了丰富克劳斯的比赛经验，卡洛每年都组织几场比赛，而克劳斯也不负所望，总能取得好成绩。克劳斯 16 岁时，在意大利全国跳水比赛中，获得冠军。领奖台上的克劳斯满面红光，两眼放着光彩。卡洛突然感觉到，儿子犯了他当年的毛病。那天晚上，卡洛把克劳斯叫到自己身边，拿出当年一枚枚意大利冠军奖牌，看得儿子目光直闪。卡洛说："你

有梦想就有动力

不要以为父亲多么伟大，你再看一项记录。"说着，卡洛拿出一张卡片，上面写着"1936年柏林奥运会跳水比赛第十名"的字样。卡洛说："这就是你的父亲，一个当年充满远大梦想，在意大利跳水界无人能敌，而在奥运会赛场上遭受失败的选手。父亲为什么会有奥运会上的失败？是因为父亲过早地满足于自己的表现，在意大利取得较大荣誉后，就再也没有了冲力，看得出，你现在也和父亲当年一样，意大利是个小舞台，奥运会才是大舞台，你要想实现心中的梦想，就必须再跨越一步。"

卡洛的话使克劳斯看到了一条更加广阔的路。从此，在卡洛的督促下，克劳斯以意大利冠军为起点，向着更高的目标冲刺。终于，功夫不负有心人，他在1968年墨西哥奥运会上，夺得男子跳水金牌，成为意大利第一位奥运会跳水冠军。

有句俗话，心动不如行动。如果成功需要飞翔，那么，梦想是一只翅膀，而现实则是另一只翅膀。

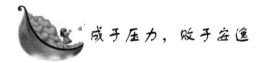

成于压力，败于安逸

西方人非常爱吃沙丁鱼，但是想吃到活的沙丁鱼却很困难，因为沙丁鱼运到岸上就死了。聪明的打鱼人想出一个好办法，就是在一船捕捞上来的沙丁鱼里放几条十分活跃的鲶鱼。沙丁鱼在生命受到威胁的情况下，不得不游动，因而能存活下来。人们把这种效果，称为鲶鱼效应。

有人做过这样一个对比实验：把一只青蛙放进盛着冷水的锅里，然后慢慢地加热。青蛙的感觉很迟钝、很麻木，结果在慢慢地加热过程中死掉。有趣的是，先将锅里的水烧到沸腾，然后扔进一只青蛙。青蛙因受强热刺激，拼命一跳，逃离了开水。身陷绝境，反而逢生。

在美国的阿拉斯加自然保护区，人们为了保护鹿而把狼消灭了。鹿没有了天敌，饱食终日，无忧无虑。十几年之后，鹿群数量猛增，但体态蠢笨，同时由于食物紧缺和安逸少动引起的体质羸弱，导致鹿群大批死亡。于是，人们又把狼请了回来。鹿群迫于生存危机，四散奔逃，但日趋矫健灵活，恢复了蓬勃的生机。真是"敌存灭祸，敌去招过"。

在我国北方的哈尔滨市，有个虎园，里面放养了不少老虎。有人在虎园里放了一头牛，结果此牛不畏虎，几经较量，反而虎口脱险！虎园里的兽中之王捕不住牛的咄咄怪事，能给人什么启示？

泰国是拉差龙虎园的管理人员介绍：小老虎出生以后，先由猪奶妈喂养一个月，然后再由人工喂养，这样长大的老虎失去了野性。游人可以看到，虎和猪、狗等一起嬉戏、生活。虎仔吃猪奶，性情温又乖。这在科学上也许是一种探索，但环境改变了老虎的本性，老虎已经不是原来意义上的老虎了。

楚霸王项羽跟秦兵打仗，过河后把锅都砸碎，船都弄沉，决心背水一战。军士奋勇战斗，以一当十，以少胜多，大破秦兵，这便是著名的破釜沉舟的故事。正如《孙子兵法》所说："置之死地而后生。"

"祸兮福所倚，福兮祸所伏。"安逸，很容易使个体不思进取，使群体平庸和沉沦。与此相反，压力出动力，压力出活力，压力出实力。修炼身心，学习成材，带兵打仗，下岗就业，成就事业，概莫如此。成于压力，居安思危者存；败于安逸，养尊处优者亡。这是自然与社会普遍存在的现象。

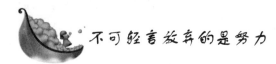

不可轻言放弃的是努力

几乎每个胜利者，都曾经是个失败者。胜利者与失败者在大难大事上的重要区别是——胜利者屡败屡战，绝不轻易放弃努力；失败者屡战屡败，可惜地放弃了努力。

有所不为，才能有所为。人生有很多是可以放弃的东西，但万万不可轻言放弃的是——努力。

你是否知道鲅鱼和鲦鱼的习性？鲅鱼喜欢吃鲦鱼，鲦鱼总是躲避鲅鱼。有人曾经用这两种鱼做了一个实验。

实验者用玻璃板把一个水池隔成两半，把一条鲅鱼和一条鲦鱼分别放在玻璃隔板的两侧。开始时，鲅鱼要吃鲦鱼，飞快地向鲦鱼游去，可一次次都撞在玻璃隔板上，游不过去。过了一会儿工夫，鲅鱼放弃了努力，不再向鲦鱼那边游去。更有趣的是，当实验者将玻璃隔板抽出来之后，鲅鱼也不再尝试去吃鲦鱼了！鲅鱼失去了吃掉鲦鱼的信心，放弃了已经可以达到目的的努力。

其实，作为万物之灵的人，有时也会犯鲅鱼那样的错误。记得 4 分钟跑完 1 英里的故事吧？自古希腊以来，人们一直试图达到 4 分钟跑完 1 英里的目标。人们为了达到这个目标，曾让狮子追赶奔跑者，也曾喝过真正的虎奶，但是都没实现 4 分钟跑完 1 英里的目标。于是，许许多多的医生、教练员和运动员断言如要人在 4 分钟内跑完 1 英里的路程，那是绝对不可能的。因为，我们的骨骼结构不对头，肺活量不够大，风的阻力又太大，理由实在很多很多。

然而，有一个人首先开创了 4 分钟跑完了 1 英里的纪录，证明了许许多多的医生、教练员和运动员的断言都错了，这个人就是罗杰·班尼斯特。更令人惊叹的是，一马当先，引来了万马奔腾。在此之后的一年，又有 300 名运动员在 4 分钟内跑完了 1 英里的路程。

训练技术并没有重大突破，人类的骨骼结构也没有突然改善，数十年前被认为是根本不可能的事情，为什么变成了可能的事情？是因为有人没有放弃努力，是因为有了榜样的力量。

在由失败通往胜利的路上，有时候障碍的确存在，甚至很多，有时候障碍已经消失，或已在不知不觉中被我们克服，可我们还误认为障碍仍然存在，不可逾越。可以说，有好多障碍并不是存在于外界，而是存在于我们的心里。

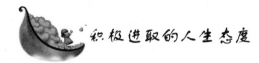

积极进取的人生态度

　　美国富豪克里蒙·斯通是美国联合保险公司的董事长，他发掘出自己最有价值的人生个性特质是"有积极的人生观"。作为生于1902年的老前辈，他童年时代住在芝加哥南区。因为要去餐馆叫卖报纸，结果经常遭到餐馆老板的粗暴驱赶，但他还是再三溜进去卖。很多顾客看在眼里，生了恻隐之心，于是都劝老板宽容一下，不要再赶他出去。这样，他才得以忍着伤痛，卖掉不少报纸。这件事刺痛了他，他开始思考，在这件事中，自己哪些做得比较好？哪些还需要改正？特殊情况下该怎么做呢？

　　在这以后，他经常问自己这几个问题。斯通父亲去世后，母亲对他有很深的影响。那几年，他父母靠给别人缝衣服积蓄了一点钱财，到斯通十多岁时，母亲把这笔钱全部投资保险业，在底特律开了一个较小的经纪社，专门为伤损保险公司推销意外保险和健康保险。斯通在16岁时就开始向母亲学习推销技术。当母亲告诉他在进了一栋大楼该如何做之后，便留下斯通一人离去。处于青春期的斯通可能很爱面子，涌上心头的又是当年卖报纸时遭受的痛苦，所以面对大楼，他心里空虚得很。

　　好胜的他没有退却，在腿脚发抖中，他开始默念自己定好的座右铭：一旦你做了，如果既没什么损失，反而收获很大，那就立马去做，亲自动手！他飞快地行动起来，以当年溜进去的勇气壮胆走进了大楼，走访了所有办公室，结果虽然只有两人买了他的保险，但是他的推销经验却增加了不少。通过4年的训练和激励后，他取得的成功是惊人的。他认为面对艰难困苦，始终以坚决和乐观的态度去面对，得到的益处是无穷的！销售的成功，决定性因素不在于顾客，而在于推销员自身。只有从主观上才能找到问题的原因和解决办法。后来，他专门前往纽约州进行推销，结果证明了他的主张有合理的地方。

大恐慌最厉害的时期，他推销的伤损保险成交份数竟然与最盛旺的时期没两样。他敏感地注意到了繁荣期未被重视的推销态度和方式问题。为此他专门举行关于 PMA 的推销讲座，用了一年半的时间，巡游全美，同遇有困难的推销员沟通，探讨其中的问题，推广他的推销术。

1938 年，身价已逾百万的斯通开始组建自己的保险公司。恰好当时的宾夕法尼亚伤损公司停业破产，斯通对它的潜在价值十分看好，因为这个公司拥有 35 个州的营业执照。他直接联系这家公司的所有者，也就是商业信托公司的负责人，说："我要买下你的保险公司。""好主意，160 万美元，你带了这么多钱来吗？""暂时没有，但我完全可以借到所有的钱。""向谁借呢？""向你们借。"在几次针锋相对的交锋过后，商业信托公司愿意把公司卖给他。

没多久，斯通的公司发展成跨国公司。到 1970 年时销售达 2.13 亿美元，手下的 PMA 推销员达 5000 名，有 20 人成为百万富翁。

后来，斯通又投资了很多其他行业，取得的成功相当巨大。当老年的斯通回望一生走过的足迹时，他发现让他走向辉煌顶点的重要因素是积极进取的人生态度，他的母亲自幼就教给了他，在他童年卖报时这一点得到进一步发展。

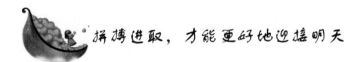

拼搏进取，才能更好地迎接明天

被誉为"乒坛女皇"的邓亚萍，身高只有 1.49 米，却先后获得过 180 个冠军，其中 18 个世界冠军、4 个奥运会冠军，包括单打和与乔红组合的双打，是我国获得奥运金牌最多的运动员之一。她 5 岁起就随父亲学打球，1988 年进入国家队，在乒坛世界排名连续 8 年保持第一，成为唯一蝉联奥运会乒乓球金牌的运动员。

1997 年后，她先后到清华大学、英国剑桥大学和诺丁汉大学进修学习，并获得英语专业学士学位和中国当代研究专业的硕士学位；2002 年邓亚萍在国际奥委会道德委员会以及运动和环境委员会两个委员会担任职务；2003 年邓亚萍成为北京奥组委市场开发部的一名工作人员。从奥运冠军到名校博士，这在中国运动员中是绝无仅有的，而这正是邓亚萍不懈拼搏的结果。

邓亚萍说："我现在最重要的就是全力以赴攻读博士，现在只是二年级，学业上还有很多困难等着我去克服，我希望踏踏实实走好每一步，然后再考虑更远的目标。"

无论在中国乒坛，还是在世界乒坛，邓亚萍无疑是一座后辈难以逾越的丰碑。但对于我们常人来说，只有不断地完善当下，不懈地拼搏进取，才能更好地迎接明天、成就未来。正如中国体坛的"跳水皇后"郭晶晶，也是在持久的努力拼搏下，迎来了一片辉煌。

2004 年 8 月 27 日，北京时间凌晨，在雅典奥运会的跳水比赛场上，郭晶晶用优美、稳健的动作，征服了所有的裁判，最终以高于第二名 20 多分的优势获得了女子三米板的金牌。

一只脚踏在冠军领奖台上，郭晶晶有点儿迫不及待，几次想跳上去，左右看了半天，还是没有听到冠军的名字。等了好久才终于站上去"冠军，郭晶晶，中国！"站在既熟悉又陌生的奥运会冠军领奖台上，郭晶晶眯起眼睛，笑了。冠军时刻，终于等到了！

这位纤弱恬静的女孩在领奖台上说："拿金牌没什么感觉。"其实没有人知道，为了这枚金牌，她不仅付出了 16 年的努力，甚至付出了自己全部的童年和少年时代。

郭晶晶出生在河北保定市，1988 年她上学前班的时候，恰好河北省游泳馆的李芳教练来她所在的胶片厂的子弟学校选拔跳水人才。

那年郭晶晶只有 6 岁，李芳教练见到她的那一刻，立即看上了这个四肢修长笔直，像男孩一样调皮的小姑娘。经过严格的考察和选拔，李教练发现郭晶晶不仅力量好，爆发力强，而且动作的协调性也掌握得比较好，是一块跳水的料。

没想到正式进游泳馆训练时，郭晶晶一看到水就往后缩，还没上跳板就紧张得直掉眼泪。原来郭晶晶 3 岁那年，随父母游泳时被水淹过，从那时候起就患上了"恐水症"。

当得知女儿各方面条件都非常好，只是因为胆小上不了跳板时，父母狠下心对李芳教练说："她如果再不敢跳水，你就往下推。"李芳教练得到了郭晶晶父母的授权，就开始对这个"胆小鬼"采取强制措施。一天训练时，郭晶晶照旧躲得远远的，李芳和其他教练在悄悄安排好防护措施后，趁郭晶晶不注意一把将她推下游泳池。那次被强行推下水后，郭晶晶这个有名的胆小鬼竟然一下子变成全队胆子最大的女队员。

郭晶晶在业余体校跳水一年之后，个子逐渐长高了。她有一双修长笔直令人羡慕的长腿，唯有膝盖稍显得突出，这对普通女孩子来说根本就无关紧要，但是对一个跳水运动员来说，却是一个致命的弱点。李芳教练说："膝盖突出做动作就收不紧腿，晶晶如果将来拿不了冠军，肯定是因为腿的缘故。"

为了纠正不听话的腿，每天紧张的训练后，李教练和父母轮番给她压腿。将足尖和膝盖绷成一条线，还要不停地施加压力，腿部的韧带被拉得生疼，这对一个只有 7 岁的小姑娘来说非常残酷。刚开始的时候，郭晶晶也经常趴在地上悄悄地流眼泪，但是好胜心帮她战胜了困难，当她明白只有克服了膝盖的弱点才能战胜对手时，她不再哭鼻子，人家不给她压腿她还着急呢！

跳水运动对运动员的体重要求非常苛刻，自从晶晶进了跳水队，十几年间，再也没能随心所欲地吃过一顿饱饭。尽管这样，体重偶尔也会超出标准，这时就必须在尽可能短的时间内，通过加大运动量的方式降下去。跳水队备有专门的出汗服，那是一种用类似防雨绸的布料做成的不透气的衣服，体重超标的队员在又潮又热的游泳馆内不停地跑步，脸上、头上的汗水不停往下流，汗水沿着密不透气的裤管一直淌到鞋子里，这种近乎于惩罚的"减肥"运动要一直持续到体重符合标准才能停止。

9 岁那年，郭晶晶在练习踏板时不小心摔了下来，造成左腿腓骨骨折，被教练和队友们送到医院治疗。医生给晶晶打好夹板后，嘱咐她回家静养，但为了防止休息一段时间心散了，晶晶一天也没有在家里休息。李教练在游泳馆里安排了一个玻璃房间，让晶晶和母亲临时居住，那段时间晶晶一边补习文化课，一边养伤。那时候腿还不能着地，稍一活动就会痛得锥心刺骨。但她一抬头看到在跳板上的队友，见人家一天天在进步，她就着急得不得了，受伤刚满了一个月，夹板还没有拆完，晶晶就急不可待地下了水。好在当时晶晶年龄还小，身体恢复得比较快。半年之后，她不仅追上了队友，而且在李芳教练的精心指导下，参加了近百次大型跳水比赛，并于1993年独揽了十米台和三米板两项全国冠军。郭晶晶的出色表现引起了人们的关注，就在那年她被慧眼识珠的于芬教练选中，从此年仅11岁的郭晶晶成了国家队一名备受关注的"白袍小将"。

在国家队期间，郭晶晶进步很快，当她踌躇满志之时，一次失误几乎毁掉了她的跳水生涯。亚特兰大奥运会后郭晶晶在一次训练中受伤，右腿筋骨被摔伤，打了3个月夹板伤情才稍有好转。在此期间，她回到故乡保定跟随启蒙教练李芳继续训练。此时她正处在长身体的时候，由于卧床休息，运动量一下降了很多，短短的3个月的时间，晶晶长高了5厘米，体重增加了十多千克。卸掉夹板当天，晶晶就凭着坚定的信念回到了跳板上，忍着伤痛开始了恢复训练和降体重。

炎热的夏季，别人穿着短裤短裙还热得受不了，晶晶却要穿着出汗服一瘸一拐地在闷热不堪的游泳馆里跑步。妈妈心痛晶晶，但又拗不过倔犟的她，只好躲在远处悄悄地流泪。这么多年来，妈妈为了晶晶不知流了多少泪水。

打拼了整整10年之后，郭晶晶已成为中国跳水队当之无愧的领军人物。她信心百倍，在浪尖上翩翩起舞，如同水的精灵。

上帝赐给她完美的天赋，那是她的幸运。但她并没有得意地躺在幸运的温床上，而是勇敢、勤奋地不断进取，这就是她成功的原因。

第四章　积极行动——让脚步追上梦想

　　梦想经不起等待，尤其不能以实现另外一个条件为前提。当我们拥有梦想并且可以为之努力的时候，就要拿出勇气和行动来，穿过岁月的迷雾，让生命展现出别样的色彩。

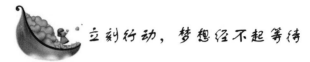

立刻行动，梦想经不起等待

俞敏洪说："每一条河流都有自己不同的生命曲线，但是每一条河流都有自己的梦想，那就是在转弯处奔向大海。我们的生命有的时候是泥沙，你可能慢慢地就会像泥沙一样沉淀下去了，一旦你沉淀下去了，也许你不用再为了前进而努力了，但是你却永远也见不到阳光了。"

梦想经不起等待，尤其不能以实现另外一个条件为前提。当我们拥有梦想并且可以为之努力的时候，就要拿出勇气和行动来，穿过岁月的迷雾，让生命展现出别样的色彩。梦想不在于有多遥远，而在于我们是否为了它的实现而去努力行动。

即使没有充分的准备，即使没有学到足够的知识，即使尚未拥有瞄准目标的技巧和能力——依然可以扣动扳机，开枪射击到目标！

1973 年的秋季，美国哈佛大学如每年一样，迎来了又一批新生。这次来报道的有两个男孩，他们都是计算机系的，其中一个叫科莱特。整个大一学年，两个男孩经常坐在一起听课，认真刻苦地学习。

一年过后，另一个男孩建议科莱特和他一起退学。因为新编教科书中已经解决了进位制路径转换的问题，新财务软件完全可以有人去开发。

而科莱特严谨而保守的性格让他对于这个建议感到非常惊讶，他认真地回绝了那个男孩的邀请，告诉他自己很珍视这里的求学环境，并不想随便闹着玩。更何况，要想开发需要大学全部课程知识的新财务软件，对于刚刚学习了一点皮毛的他们来讲，根本是不可能的。

几年后，科莱特成了哈佛大学计算机系的硕士研究生，而那个退学的男孩进入了美国《福布斯》杂志亿万富豪排行榜。

1992 年，科莱特继续攻读，拿到博士学位。那个退学的男孩一跃成为了美国第二富豪。

1995 年，科莱特认为自己已具备了足够的学识，可以研究和开发新财务软件了。而那个男孩已经开发出比以前快 1500 倍的新财务软件，并在这一年成为世界首富。

这个当初在大二就退学追梦的男孩，就是比尔·盖茨。

科莱特认为，要等学到了足够的知识后，才有能力去追逐梦想，并用这个理由拖延了成功。而比尔·盖茨则没有按照常规的思维，在即使没有准备得十分充分的情况下，毅然追逐梦想，从而早早地实现了自己的目标。

在人生的战场上，兵法是平面的，规则是死板的，唯一的"规则"就是没有规则：在实战中开枪猎寻，直至目标实现。

梦想经不起等待，人生不同的阶段，会有不同的历练和想法。如果等到所有的条件都成熟后再去行动，那么我们也许得到的就是永远的等待。梦想是人生的翅膀，插上了，才能够远翔。对于那些不满足于现状、不断寻求超越的人来说，想要在更广阔的天空中自由搏击，就需要更多的胆量和勇气，从梦开始的时刻，就要有声有色地追逐，在追寻中去体会梦想的情趣，从而成就自己的人生。在追逐中实现自己的梦想！

陈建华是北京某外贸公司的老板，他的办公室里贴着几个大字"梦想经不起等待"。陈建华的人生正如这几个字一样，"梦想经不起等待"。只要见到机会，他就会立即行动。几年前，陈建华刚到北京，在一家建筑公司做采购，经过朋友介绍，陈建华认识了一位外国朋友，那位朋友告诉陈建华，在他们的国家，蔬菜、水果卖得很贵。

这普通的一条消息，让陈建华看到了一丝隐藏的机会。他立即报名参加了外贸培训班和外语培训班，通过几个月的培训后，陈建华掌握了一系列熟悉的外贸流程，他花了几千块钱办了个旅游签证，然后立即跟那位外国朋友去他的国家进行考察，经过一段时间的考察后，陈建华发现当地的菜价比中国的菜价贵好几倍。他立即和那位外国朋友商量，并且决定打入当地市场。经过半年多的努力，陈建华终于在当地有了一家自己的批发部门，专门批发中国的蔬菜和水果，因为价钱便宜而产品质量好，陈建华的蔬菜、水果立即引起了当地的批发热。很快，陈建华的名字在行业里都传开了，都说陈建华的产品价钱便宜，质量很好。

1年后，偶然的一次机会，陈建华发现当地有很多荒地荒废着，却没有人来种地。陈建华通过朋友了解到，因为当地的薪资水平很高，所以没有人愿意种菜。陈建华立即通过朋友的关系在当地征到了几亩地，立即种植蔬菜、水果。通过1年的调试、培养，产品产量节节高升。

时光易逝，梦想常在。一个人要往前走，就一定要找到我们所相信的梦想。不用迟疑，不用三思而后行。把梦想变成现实其实很简单，不需要过多复杂的构思。只要从梦想产生的那一时刻拔腿就追，最终都会翱翔在自己所向往的天空。这是一个鼓励做梦的时代，更是一个需要行动的时代。

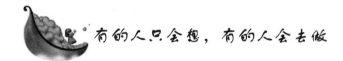

有的人只会想，有的人会去做

谁都有梦想，但不是每个人都能梦想成真，有的人只会想，有的人会去做。

小时候我们都折过纸船，从旧练习本上撕下一张纸，就能折出一只精致的小纸船，然后把它放进门前的小河。小小的纸船，载着童年的梦想，乘风破浪，漂洋过海。时光顺流而下，人渐渐长大，有些梦想则永远止步了。

朱亚林是个普通的青年教师，他决心让儿时的梦想变为现实，要做一只能载人的纸船。当他说出自己的想法时，没有一个人相信，更不会有人支持他。客气一点的，说他是异想天升。不客气的，干脆劝他安心工作，不要胡思乱想。3岁小孩都知道，纸一旦碰水，很快就会浸湿泡软，想让纸船载人，简直是天方夜谭。朱亚林不这么想，薄薄的一张纸，肯定入水就化，如果是许多张纸粘叠在一起呢？没有人试过，他决心一试。

纸船载人，理论上不难解决，根据浮力公式，再结合自身体重，就能计算出纸船需要多大的体积。真正动手做起来，就没那么简单了。首先是材料问题。卫生纸和报纸等吸水性太强，显然要排除。经过反复试验，他选用了吸水性不强的广告宣传页等废纸作为原材料，可以防止船体漏水。起初，他做出来的纸船是方方正正的，人说这哪是船啊，分明就是个柜子，放进水里恐怕走不动。他想了许多办法，却做不出一只像样的船。那段时间，晚上做梦他都梦见纸船。

终于有一天，他从梦中得到了灵感。他花了 5 年时间，经过反复论证和无数次试验，终于用糨糊和废纸做出了第一只载人纸船，一米多长，两头尖尖，设计载重 360 公斤，理论上坐他一个人不成问题。第一次下水试航，别人都为他捏了把汗，他不会游泳，毕竟是纸糊的船，万一沉了会出人命的。为了安全起见，他请了一条渔船护航，却把船老大吓坏了："我活了 60 年，没见过纸船能坐人，听都没听过！"他小心翼翼地坐上纸船，尽量保持身体平衡，用木棍划动纸船，稳稳地驶向河中央，居然不沉！

一个月后，他带着纸船去挑战岷江。他乘坐自己的纸船，用了 11 个小时，在水上漂流了 80 公里后，成功登岸。他的名字出现在报纸和电视上，他告诉记者："看到水面漂浮的杂草从我身边快速流过，心里面还是有些打鼓。"对他来说，这是一次成功的冒险。梦想到底战胜了恐惧，但他并不满足，他真正的目标是大海。

第一次下海试航，他信心百倍，用力划动纸船前行。可是海上风急浪高，他勉强划出几百米远，一个浪头打来，船翻了，满满一船的信心，随之沉入海底。首航即遭遇惨败，他对梦想的执著却感动了无数人，就在他苦闷沮丧之时，一位专业漂流队员给他打来电话，表示愿意帮助他。纸船要在海上航行，除了要解决防水和载重问题，还必须加强纸船的强度和抗风浪能力。在专家指点下，他重新试验，不久又做出了一只更加坚固的纸船。再次出海，他用一副乒乓球拍做船桨，在海上顺利漂流了 38 分钟，并在预定地点上岸。他成功了，一个近乎荒诞的梦想，此刻变为现实。

有怀疑的目光，也有鼓励的掌声；有成功的喜悦，也有失败的沮丧；时而风平浪静，时而惊涛骇浪；有未知的风险，也有追逐梦想的刺激。小小的纸船，承载的不就是人生吗？谁都有梦想，但不是每个人都能梦想成真，有的人只会想，有的人会去做。

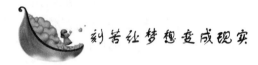

刻苦让梦想变成现实

　　梦想是缤纷美丽的，每个人都希望自己能够实现自己的梦想，成就自己的心愿。但是遗憾的是，世界上只有那么一小部分人能够心想事成，也只有一小部分人才能够拥抱自己的梦想。这是为什么呢？是智慧上的差距吗，还是外在条件的影响？相声界一代宗师侯宝林用他的亲身经历告诉我们，世界上最聪明的人是用最笨的方法学习而成的。只有刻苦勤奋，才能帮我们实现自己的梦想。

　　侯宝林少年时家境贫寒，自他开始学习相声以后，很长一段时间里，他都只能在天桥下或是其他地方表演，用微薄的收入维持一家的生活。但是他一直刻苦地学习，不断地完善自己的表演技艺，最终成为了中国相声界的一代宗师。可见，刻苦是让梦想实现的唯一方法。

　　史蒂芬·斯皮尔伯格在36岁时就成为世界上最成功的制片人之一，电影史上十大卖座的影片中，他个人的作品就有4部。他是如何年纪轻轻就有此等成就？

　　在他17岁那年的一天下午，当他参观完环球电影制片厂后，他的一生改变了。在电影厂，他先偷偷地观看了一场实际电影的拍摄，然后又与剪辑部的经理长谈了一个小时，然后结束了参观。对许多人而言，故事就到此为止，但斯皮尔伯格可不一样，他有个性，他知道自己要什么。从那次参观中，他知道得改变做法。

　　于是第二天，他穿了套西装，提起他老爸的公文包，往包里塞了一块三明治，就兴冲冲地来到摄影现场，装成是那里的工作人员。他故意避开守卫，找到一辆废弃的手拖车，用一些塑胶字母在车门上拼成"史蒂芬·斯皮尔伯格"、"导演"等字。然后他利用整个夏天去认识各位导演、编剧、剪辑，终日流连于他梦寐以求的世界里，从与别人的交谈中学习、观察并产生出越来越多关于电影制作的灵感。

他终于在 20 岁那年成为正式的电影工作者。环球制片厂放映了一部他拍的片子，反响不错，因而与他签订了 7 年的合同，使他得以导演一部电视连续剧。斯皮尔伯格的梦终于实现了。

每个人都有好的梦想，关键是面对梦想你应该做什么。有人选择等待，有人选择拼搏、奋斗。只有勤奋、刻苦，梦想才不那么漂渺，梦想变成现实才不是奢望。

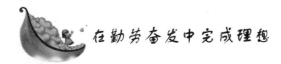

在勤劳奋发中完成理想

要想实现自己的人生目标，就必须像星云大师说的那样："在勤劳奋斗中创造光明，在勤劳奋发中完成理想，在勤奋中打发时间，必将得到生活的奖赏。"

世界上能登上金字塔顶的生物有两种：一种是鹰，一种是蜗牛。不管是天资奇佳的鹰，还是资质平庸的蜗牛，能登上塔尖极目四望，俯视万里，都离不开两个字——勤奋。

对于一个人的发展与成长而言，天赋、环境、机遇、学识等外部因素固然重要，但更重要的是自身的勤奋与努力。没有自身的勤奋，就算是天资奇佳的雄鹰也只能空振双翅；有了勤奋的精神，就算是行动迟缓的蜗牛也能雄踞塔顶，观千山暮雪，渺万里层云。成功不是单纯依靠能力和智慧，更要靠孜孜不倦地勤奋工作。

鉴真法师刚入空门时，住持要他从最辛苦的行脚僧开始磨炼。

有一天，已经日上三竿了，鉴真仍未起床。住持觉得纳闷儿，便到鉴真的寝室里巡视。住持推开房门，只见床边堆了一堆破破烂烂的草鞋，住持叫醒鉴真："今天你不出外化缘吗？床边堆的这些破草鞋是用来做什么的？"

鉴真打了个哈欠说："这些是别人十年都穿不破的草鞋，如今我剃度一年多，却穿破了这么多鞋，今天我想为庙里节省一些鞋。"

住持听了之后，笑了笑对鉴真说："昨夜外头下了一场雨，你快起来，陪我到寺前走走吧！"

昨夜的一场雨使寺前的黄土坡变得泥泞不堪。忽然，住持拍了拍鉴真的肩膀说："你是想当个只会撞钟的和尚，还是想成为能发扬佛法、普度众生的名僧？"

鉴真说："当然是发扬佛法的名僧啊！"

住持捻须一笑，接着说："你昨天有没有走过这条路？"

鉴真说："当然有！"

住持又问："那么你现在找得到自己的脚印吗？"

鉴真不解地说："昨天这里原本是平坦、坚硬的道路，今天变得如此泥泞，小僧如何能找到自己的脚印？"

住持接着又笑了笑，说道："那我们今天在这条路上走一回，你能找到你的脚印吗？"

鉴真自信地说："当然能了！"

住持微笑着说："是的，只有泥泞路才能留下足印啊！只要经过艰苦的跋涉，终有一天会留下痕迹的，一如此刻，我们行走在这片泥地上，不管走得多远，足印都会深深地留在泥地里，印证我们的存在。"

勤奋的人每迈出去一步都会留下深深的脚印，一个挨着一个，通向成功的终点。

不要只羡慕鲜花的芬芳，没有泥土的滋养，它们也没有绽放的机会。所有成功的背后都必定有辛勤的耕耘，一分耕耘总有一分收获。泥泞的道路上布满勤奋的脚印，路的那一端才真正通向成功。

想获得成功，唯一的方法就是辛勤耕耘。如星云大师所言，在勤奋中打发时间，必将得到生活的奖赏。

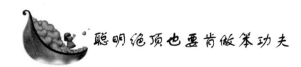

聪明绝顶也要肯做笨功夫

凡是有大成功的人，都是有绝顶聪明而肯做笨功夫的人。

聪明与笨，看似两个互不相容的字眼，在做学问时却是不可缺少的两个品质。不够聪明，知识学习得慢，研究不得法，难有成果；不下笨功夫，学问不扎实，轻浮没有沉淀，终难有成就。据《胡适之先生晚年谈话录》载，胡适认为，凡有成就的大学问家，都是既有聪慧的头脑，还肯勤学下苦功的人。

世上聪明人不少，能成就一番事业的却甚少。聪明是一道火花、一道闪电，能激扬起学问的灵感。但要使轻飘的智慧扎根成坚实的学问，还要苦学勤学。孔子可称得上是第一聪明人，叶公向子路问孔子是个什么样的人，子路不答，孔子说："汝奚不曰：'其为人也，发愤忘食，乐以忘忧，不知老之将至。云尔！'"

在孔子看来，他认为自己为了发愤求学问，常常连自己腹中饥饿都无所感觉，甚至连吃饭都忘记了。当学问上有所获益，又会快乐得忘记忧愁，连衰老的威胁都忘记了。孔子孜孜不倦地学习，所以他的学问道德能"苟日新，日日新，又日新"。

永远年轻的为学精神，能让人永远保持进步的状态，随时都有新境界。著名书法家王献之也是为学精神的受益者。

东晋大书法家王羲之被后人誉为"书圣"，王献之是王羲之的第七个儿子，他天资聪颖，机敏好学，七八岁时就开始练习书法，师承其父。

有一次，王羲之看小献之正聚精会神地练习书法，便悄悄走到其身后，猛然伸手去抽献之手中的毛笔。结果献之握笔很牢，没被抽掉。王羲之很是高兴，夸赞道："此儿后当复有大名。"

王羲之曾对儿子说，只有写完院里的18缸水，他的字才会有筋有骨、有血有肉，直立稳健。小献之心中颇有些不以为然。他勤奋地练了5年，写完了3缸水，自认为书法已小有所成，遂将自己十分满意的习字拿给父亲过目。谁知王羲之一张张掀过，却频频摇头，直到看见一个"大"字，王羲之才现出了较满意的神色，随手在"大"字下填了一个点。

小献之心中不服，又将习字拿去给母亲看。母亲认真地翻看，最后指着王羲之在"大"字下加的那一点，说："吾儿磨尽三缸水，唯有一点似羲之。"献之此时方知与父亲的差距，又锲而不舍地练了下去。当他真的用尽18缸水后，书法果然突飞猛进。后其，王献之的字也达到了力透纸背、炉火纯青的程度，其书法与其父并列，被人们称为"二王"。

胡适一直劝诚年轻的朋友，聪明是成功的必备因素，却不是决定性因素。只聪明不勤奋，只会在天资的促使下有一点儿才华的闪光，绝不会成就大事业。聪明和勤奋，如同鸟的两只翅膀，只有两者兼备，才能向着高远的天际飞翔。

莫让流年于暗中偷换

万年归于一瞬，究竟是谁让你的流年于暗中偷换。南怀瑾先生在《庄子》中找到一个答案。

《庄子·齐物论》中说："众人役役，圣人愚芚，参万岁而一成纯。"意思是说，一般人活在世界上，都是被自己的欲望和身体所奴役，一辈子劳劳碌碌，即佛家所谓的"凡夫"。而"圣人"的境界则是"愚"而"芚"，"芚"不是利钝的钝，"芚"是有生机的，表面上看起来很笨，内在却充满生机。到达这个境界，则能"参万岁而一成纯"，即超越了时间的观念，一万年在其看来只是一刹那。

由于时间观念完全是人的心理制造的，美好的时光总觉短暂，痛苦的时刻度日如年，所以"成纯"完全是一个纯清绝顶的"吻合"的境界。"参万岁而一成纯"，参通了时空观念，便达到了佛学禅宗中经常说的"一念万年，万年一念"的境界。所以得道的人不是做物质的奴隶，而是万物听命于他，可以"旁日月，挟宇宙"。

对于普通人来说，万年归一念，或许有些晦涩难懂，下面这个故事便是这一哲理的进一步解读。生命的长短与时光的流逝有关，莫让你的流年在暗中偷换，有意义的人生总能跳出时光的局限。

佛光禅师门下弟子大智，出外参学20年后归来，在法堂里向佛光禅师述说此次在外参学的种种见闻。佛光禅师总以慰勉的笑容倾听着，最后大智问道："老师，这20年来，您老一个人还好？"佛光禅师道："很好！很好！讲学、说法、著作、写经，每天在法海里泛游，世上没有比这更欣悦的生活了。每天，我忙得好快乐。"大智关心地说道："老师，应该多一些时间休息！"夜深了，佛光禅师对大智说道："你休息吧！有话我们以后慢慢谈。"

清晨在睡梦中，大智隐隐中就听到佛光禅师禅房传出阵阵诵经的木鱼声。白天，佛光禅师总是不厌其烦地对一批批来礼佛的信众开示，讲说佛法，一回禅堂不是批阅学僧心得报告，便是拟定信徒的教材，每天总有忙不完的事。好不容易看到佛光禅师刚与信徒谈话告一段落，大智争取这一空当，抢着问佛光禅师道："老师，分别这20年来，您每天的生活仍然这么忙着，怎么都不觉得您老了呢？"佛光禅师道："我没有时间觉得老呀！"

南怀瑾先生说过："一个真正立心做学问的人，永远没有空闲的时间。尤其是毕生求证'内明'之学的人，必须把一生一世和全部的身心精力投入好学深思的领域中，然后才可能有冲破时空，摆脱身心束缚的自由。"

对于人生而言，只要尽早懂得生命中追之不及的东西，并在它从身边溜过时牢牢将其抓住，才能在生命结束之时安然离世。心中没有老的观念，时光便如白驹过隙，一晃而过，所谓"参万岁而一成纯"正是如此。

时间是个贼，偷走了许多原本人们可以得到的东西，然而将时间放走的人却是人们自己。当你没有时间觉得苦恼，没有时间觉得衰老的时候，便是找到了让时光停驻的方法。

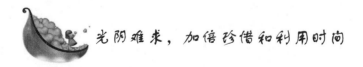

光阴难求，加倍珍惜和利用时间

时间对每个人都是宝贵的，尤其对步入老年之人。季老平素爱写文章，一旦涉及时间便感慨不已，是感叹、珍惜，亦是留恋。季老在一篇名为《新年抒怀》的文章中写道："一过中年，人生之坡好像是从高坡上滑下，时光流逝得像电光一般，它不饶人，不了解人的心情，愣是狂奔不已。一瞬间，'两岸猿声啼不住，轻舟已过万重山'。滑过了花甲，滑过了古稀，滑到了耄耋之年。人到了这个境界，对时光的流逝更加敏感。年轻的时候考虑问题是以年计、以月计，到了此时，是以日计、以小时计了。"

正是有了对时间的紧迫感，季老才不顾年龄的增长继续努力工作，才会"一万年太久，只争朝夕"，以至于常有年轻人善意地提醒他别忘了自己的年龄。季老则说："我没有忘记自己的年龄，只是不想浪费一丁点儿时间。"正是凭借这种精神，季老才在过往的岁月里取得了傲人的成绩。

每一天每一小时都是可贵的。智者与成功者往往是懂得珍惜和善于利用时间的人，同时，择时善用也是珍惜时间、提高效率的方法之一。

午夜，墙上的挂钟敲了 12 响，巴尔扎克准时从睡梦中醒来。他点起蜡烛，洗一把脸，开始了一天的工作。这是最安静的时刻，既不会有人来打扰，也不会有人来讨债，正是他写作的黄金时间。

准备工作开始了，他把纸、笔、墨水都放在合适的位置，这是为了不要在写作时有什么事情打断自己的思路。他又把一个小记事本放到写字台的左上角，上面记着章节的结构提纲。他再把为数极少的几本书整理一下，因为大多数书籍资料都早已装在他脑子里了。

巴尔扎克开始写作了，房间里只听见奋笔疾书的声音。他很少停笔，有时累得手指麻木，太阳穴剧烈地跳动，他也不肯休息，总是喝上一杯浓咖啡，振作一下精神，又继续写下去。

早晨 8 点钟了，巴尔扎克草草吃完早饭，洗个澡，紧接着就处理日常事务。印刷所的人来取墨迹未干的稿子，同时送来几天前的清样，巴尔扎克赶紧修改稿样。

修改稿样的工作一直进行到中午 12 点。整个下午的时间，他用来摘记备忘录和写信，在信上和朋友们探讨艺术上的问题。

吃过晚饭，他要对晚饭以前的一切略作总结。更重要的是，对明天要写的章节进行细致缜密的推敲——这是他写作中一个非常重要的环节，一个必不可少的步骤。晚上 8 点，他放下了一切工作，按时睡下了。

有梦想就有动力

这普通的一天，只是巴尔扎克几十年间写作生活的一个缩影。巴尔扎克曾经这样说过："我发誓要取得自由，不欠一页文债，不欠一文小钱，哪怕把我累死，我也要一鼓作气干到底。"巴尔扎克珍惜人生的每一分钟，在他的人生记录中没有一页空白。他用自己的努力进取让人生充实了起来，最终成为一位世界闻名的文学家。

这不禁让我们联想到季老的工作作风，珍惜每1秒，哪怕只有1秒，也要创造10秒的价值，而想要达到这样的效果，就要学会利用闲暇时间。

我国宋代文学家欧阳修说："余平生所做文章，多在三上——马上、枕上、厕上。"三国时董遇读书的方法是"三余"，即冬者岁之余、夜者日之余、阴雨者晴之余。也就是充分利用寒冬、深夜和阴雨天这些别人休息的时间发奋苦学。也只有这样，才能达到"三余广学，百战雄才"的境界。

古今中外，凡事业有成者，大都是善于驾驭闲暇时间的人。世界闻名的科学家爱因斯坦就是一个榜样。

1904年，正当年轻的爱因斯坦潜心于研究的时候，他的儿子出生了。于是，他常常左手抱儿子，右手做运算。在街上，他也是一边推着婴儿车，一边思考着他的研究课题。妻儿熟睡了，他还到屋外点灯撰写论文。爱因斯坦就是这样充分利用零碎时间，日积月累，一年中完成了4篇重要的论文，引起了物理学领域的一场革命。

所以，如果想像季老等人一样成功，就要从现在开始认识到时间的重要性，加倍珍惜和利用时间，莫在岁月流逝、容颜更改之时，才对时光的流逝追悔莫及，"常将有日思无日，莫待无时思有时"啊！

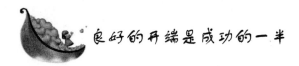

良好的开端是成功的一半

古希腊著名哲学家柏拉图曾经说过："良好的开端，等于成功的一半。"

89

我们也常常会说"万事开头难",一个人要想很好地完成一件事情,一开始就要把事情做好。伊索说过:"想匆匆忙忙地去完成一件事,以期达到加快速度的目的,结果总是要失败。"与其让糟糕的开始影响整件事情的进展,不如一开始就认真去做,让事情有一个良好的开端,如此才可尽情期待整件事情的成功。

很多人都有过这样的经历,开始没有把工作做好,结果越来越忙碌,总是解决了旧问题,又发生了新故障。结果就是在一团忙乱中不断出现各种各样的问题,轻则自己不得不手忙脚乱地改错,浪费大量的时间和精力;重则返工检讨,造成重大损失。

一开始没把事情做对、做好,然后忙着改错,改错中又很容易产生新的问题,这样下来,恶性循环的死结越缠越紧,最后不仅让自己忙,还可能会连累别人跟着你一起乱作一团。所以,盲目地忙乱毫无价值,必须终止。再忙,也要在必要的时候停下来思考一下,而不是拼体力交差了事。第一次就把事情做好、做到位,才是避免出错的关键。

李峰和刘黎大学毕业后受雇于同一家超级市场。一次,经理安排他们做一个简单的市场调查。李峰很快"完成"了任务,他向经理报告说:"市场上只有土豆、西红柿、鸡蛋等几种商品。""价格各是多少呢?"经理问道。李峰愣住了,为了追求速度,他只是在市场上随便逛了逛。

这时,刘黎走进来,汇报说现在市场上有土豆、西红柿、鸡蛋等几种产品,土豆的价格适中,质量很好。西红柿和鸡蛋的价格略有上涨,他还带回了一些样品,请经理过目。

一件简单的小事让李峰和刘黎在经理心中立刻分出了高下。其实这两人的能力、素质也许差别并不大,但刘黎做事更加认真细致,能够一次就把事情做到位,当然更能得到经理的重视。

俗话说"差之毫厘,谬以千里",也许就是半步之差,就成了成功者与失败者的分水岭。因此,我们做任何事情都要认真、再认真一些,养成一开始就把事情做对、做好的习惯。

有梦想就有动力

 赢家多是务实的梦想者

梦想谁都会有，但懂得务实的人却很少。而事实上，梦想与务实在我们的人生中缺一不可，前者给我们希望，后者给我们力量。但凡成功人士，他们都懂得用务实的精神，用实事求是的作风去追求和实现梦想。约翰·高大德如此，爱因斯坦如此，比尔·盖茨也如此……只要你行动起来，脚踏实地、百折不挠，你就会发现，梦想原来完全可以实现。

约翰·高大德15岁时，就已经是一个敢于梦想的务实少年。他为自己开了一张清单，列出了一生要力争做完的事情，共有127个目标，包括到尼罗河探险，攀登埃佛勒斯峰，研究苏丹的原始部落，5分钟跑完1英里，把《圣经》从头到尾读一遍，在海中潜水，用钢琴演奏《月光曲》，读完《大英百科全书》和环游世界……

他已完成了127个目标中的105个，此外还完成了许多其他令人兴奋的目标。他曾经访问过113个国家，还想访问完全球141个国家，还想在中国的长江探险，还想到月球上去看一看……

他现在已是70多岁的老人，是世界上目前活着的著名探险家之一。

世界上还有很多赢家，都像约翰·高大德一样，给生命装上了务实的翅膀——梦想。

莱特兄弟带着梦想，让人类在蓝天上自由自在地翱翔。

福特家族带着梦想，使汽车成为人们的重要交通工具。

爱因斯坦带着梦想，创立了相对论。

桑德仕上校带着梦想，让肯德鸡快餐店落遍世界各地。

比尔·盖茨带着梦想，用电脑极大地改变了人们的生活和工作。

梦想，给我们希望，鼓舞我们尝试那些似乎不可能的事情，鼓舞我们迎接狂风暴雨的挑战，鼓舞我们具有高瞻远瞩的能力，鼓舞我们变得比原来更好。

务实，给我们力量，把我们的希望绘成蓝图，把我们的理想变得实际，把我们的抱负化为行动，把我们的梦想变为现实。

梦想是人类腾飞的翅膀，务实是腾飞翅膀的身躯。赢家，总是展开梦想的翅膀务实地飞翔。

人生就是这样：一边把命运编织成一个科学的梦想，一边用务实把科学的梦想变成现实。

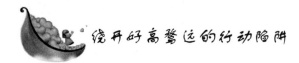

绕开好高骛远的行动陷阱

古时候有一个渔夫，是出海打鱼的好手。他有一个习惯，每次打鱼前都要立下一个誓言。有一年春天，听说市面上墨鱼的价格最高，于是他立下誓言：这次出海只捕捞墨鱼，好好赚它一笔。但这一次鱼汛所遇到的都是螃蟹，他非常懊恼地空手而归。等他上了岸，才得知现在市面上螃蟹的价格比墨鱼还要高，他后悔不已，发誓下次出海一定打螃蟹。

第二次出海，他把注意力全放在螃蟹上，可这一次遇到的全是墨鱼。不用说，他又是空着手回来了。他懊悔地发誓，下次出海无论是遇到螃蟹还是墨鱼，全部都打。

第三次出海后，渔夫严格地遵守自己的诺言，不幸的是，他一只螃蟹和墨鱼都没有见到，见到的只是一些马鲛鱼，于是，渔夫再一次空手而归……

渔夫没有赶得上第四次出海，他在自己的誓言中饥寒交迫地死去。

这当然只是一个故事而已，世上没有这样愚蠢的渔夫。但是，世上却有这样愚蠢至极的誓言。

人往往很容易把自己看得很高，因而也容易好高骛远，贪多求大，总想在事业起步时就能站在高起点上。可这样做的结果，往往是适得其反，大多时候难以如愿以偿。由于对未来的期望值过高，要求太多，很容易使人急功近利，心浮气躁，这样做的结果当然是

攀不上成功的巅峰。

有一个年轻人，给自己定下的目标是做一个伟大的政治家。

在这样一个和平的时代，要做一个伟大的政治家，他应该先读大学的政治专业，或者别的文科专业，然后在分配的时候努力进入一个有晋升机会的政府机关，然后在单位进行各个方面的努力。

而这个年轻人，在定下这个目标之后，他竟然什么都没有去做。这时他还在读高中，成绩平平。家里人督促他学习的时候，他是这么说的："我的目标是做一个伟大的政治家，做一个像毛泽东那样的伟大人物，读书做什么？"

哦，他的这个目标看来是来自于那些伟大人物的激发。奇怪的是，他到底是怎么想的呢？他怎么才能达到目标呢？

高三的时候，他已不专心学习，似乎也不想去考大学了，只是看课外书。课外书当然都是一些政治人物传记，像《林肯传》《丘吉尔传》《周恩来》等。除了看伟人传记，他所做的就是玩。他可能是想，林肯也没有读多少书呀，那些伟大人物都没有读多少书呀。

在生活中，他也开始用伟大政治人物的眼光来看待人和事物。比如，他的妹妹和小姐妹闹矛盾了，他就以毛主席的口气说："你们两个，吵什么嘛！要团结，不要搞分裂；要和平，不要搞战争！"

当老师批评他学习不用功的时候，他又用领袖的语气说："知识越多越反动嘛！知识分子是棵大毒草！"

在对待同学、家长时，他也照样以伟大人物的口气说话。久而久之，人人都对他敬而远之了。

而他，由于一味沉浸在伟人梦中，却不好好读书，结果当然没考上大学。

一个没受过高等教育的青年，在这个和平年代里，有希望成为一个伟大的政治人物吗？

也许有希望，但即使有，也是属于那些肯上进、求进取的青年，绝不属于他这样的青年。那么，他是个什么样的青年？

从他的表现来看，毫无疑问，他是个典型的好高骛远的人。所谓好高骛远，就是不切实际地追求过高的目标。每个人都有自己的极限，超过自己极限的事，当然是不可能做到的。叫一个从来没有念过书的人去做爱因斯坦，这可能吗？

许多时候，目标与现实之间是有一定的距离的，我们必须学会随时去调整。无论如何，人不应该为不切实际的誓言和愿望活着，不应该让自己走进好高骛远的行动陷阱，而应该为可预见的目标而努力奋斗。

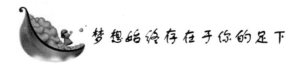

梦想始终存在于你的足下

梦想在从不付出行动的人们眼中就犹如天边的云彩，可望而不可及。但对于付出行动的你来说，梦想即使如山如海却始终存在于你的足下，只要你肯脚踏实地地努力，一步一步扎实地往前走，当历尽千番险阻之后，蓦然回首，你会发觉曾经的梦想早已被你远远地落在了身后，但你仍须感激曾经的梦想，因为没有曾经的景仰就不会有今天的超越。

他出生于金融世家——祖父参与创建了上海商业储蓄银行，父亲则创办了中国银行香港分行。1927 年，父亲调职，他们举家迁至上海。他就读于上海青年会中学，在学校里，由于他口才出众，同学们都认为他以后最适合当律师。

那时，每逢周末，这位贵公子没什么事可做，就去离家不远的大光明电影院附近玩打弹子游戏，玩累了便到旁边的电影院里舒舒服服地看场好莱坞电影。打弹子和看电影，几乎成了他中学时代消磨时光的最主要的两大娱乐活动。

应该说，那时候的他谈不上有什么远大理想，甚至可以说有些安于现状，随波逐流。幸好，他天资聪慧，学习成绩一直不错。而且，他不仅可以讲一口流利的英语，还会唱英语歌，在那个年代，这可是件极为时髦且值得炫耀的事。

1934 年，也就是他 17 岁那年，突然发生了一件影响他一生的事——在他家附近，又有一座大楼破土动工了。按说，在高楼林立的大上海，建座大楼并不稀奇，但和别的大楼不同，据说这座大楼要建26层，建成后将成为"远东第一高楼"。因此，这座大楼的动工立刻引起了大家的关注，其中自然包括这位银行家的公子。26层，这怎么可能？这位年轻人根本不相信大楼能够建到传说中的26层的高度，他觉得这是吹牛。也难怪，那时的上海是冒险家与吹牛大王的乐园，他虽涉世不深，但类似的牛皮故事也有所耳闻，因此他怎么也不相信这会是真的。

在好奇心的驱使下，他决定前往工地一探真伪。为此，他放弃了喜爱的打弹子和看电影活动，每到周末就准时赶往施工现场。一个月过去了，两个月过去了……随着大楼像变魔术一般拔地而起，他终于相信了眼前的事实。

这座大楼叫国际饭店，是一位外国建筑师设计的。当大楼落成那天，仰望着这座高耸入云的庞然大物，他竟然激动得跳了起来。

他深深地沉醉在这个神话般的奇迹中，而与此同时，要建造一座和国际饭店一样高的大楼的梦想也在他的心中悄然而生。他认定，这就是他的理想，这理想虽然像国际饭店一样高不可攀，但他相信只要自己努力，就一定可以实现！

父亲对他的理想虽然感到有些意外，但最后还是同意了他的选择。不久，他就被父亲送到美国学习建筑。50年后，当他重新回到上海的时候，已经是世界著名的建筑大师了——贝聿铭，这位"现代建筑的最后大师"，他一生所建造的那些数不清的高楼的高度，早就远远超过了当初的国际饭店。

第五章　保持谦卑——有梦想谁都了不起

　　人誉我谦，又增一美；自夸自败，又增一段。无论何时何地，我们永远都应保持一颗谦卑的心。

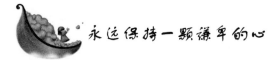永远保持一颗谦卑的心

任何人所拥有的一切，与有大美而不言的天地相比，与浩瀚无际的宇宙相比，都不如沧海之一粟，实在是微不足道。从历史的长河来看，不管我们拥有什么、拥有多少、拥有多久，都只不过是拥有极其渺小的瞬间。人誉我谦，又增一美；自夸自败，又增一毁。无论何时何地，我们永远都应保持一颗谦卑的心。

有一天，苏格拉底和弟子们聚在一起聊天。一位家庭相当富有的学生，趾高气扬地面向所有的同学炫耀他家在雅典附近拥有一望无边的肥沃土地。

当他口若悬河大肆吹嘘的时候，一直在其身旁不动声色的苏格拉底拿出了一张世界地图，然后说："麻烦你指给我看看，亚细亚在哪里？"

"这一大片全是。"学生指着地图洋洋得意地回答。

"很好！那么，希腊在哪里？"苏格拉底又问。

学生好不容易在地图上将希腊找出来，但和亚细亚相比，的确是太小了。

"雅典在哪儿？"苏格拉底又问。

"雅典，这就更小了，好像是在这儿。"学生指着地图上的一个小点说。

最后，苏格拉底看着他说："现在，请你再指给我看看，你家里那块一望无边的肥沃土地在哪里？"

学生急得满头大汗，当然还是找不到。他家里那块一望无边的肥沃土地在地图上连个影子也没有。他很尴尬又很觉悟地回答到："对不起，我找不到！"

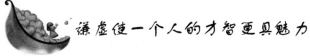

谦虚使一个人的才智更具魅力

才智就像是宝石，如果用谦虚来镶嵌，就会更加灿烂夺目。

清朝名臣左宗棠喜欢下棋，而且棋艺高超，很少碰到对手。

左宗棠在西征新疆途中，有一次微服出巡，在兰州街上看到一个摆棋阵的老人，其招牌上醒目地写着几个大字："天下第一棋手"。他觉得老人实在是过于狂妄，于是立刻上前挑战。没有想到，老人不堪一击，连连败北，原来只不过是徒有虚名而已。

左宗棠春风得意，命老人赶紧把那块招牌砸了，不得再夜郎自大、丢人现眼了！

光阴似箭，当左宗棠从新疆平乱回来的时候，看到老人依然如故，"天下第一棋手"的招牌照旧悬在那里，心里很不高兴，决心狠狠地教训教训这个不自量力的老头子！

左宗棠又跑去和老人下棋，但是出乎意料，这次自己竟被杀得落花流水，三战三败，难有招架之力。他不服，第二天又去再战，然而败得更惨。

他很无奈，惊讶地问老人："为什么在这么短的时间内，你的棋艺竟能进步如此的快？"

老人微笑着回答："大人当日虽是微服出巡，但我已得知你是左公，而且你即将出征，所以存心让你赢，让你信心百倍地去建立大功。如今你已凯旋归来，我便无所顾忌，也就不必过于谦让了。"

真是山外青山楼外楼，能人后面有能人。左宗棠听后，心服口服，深感惭愧。

无独有偶，历史有惊人的相似之处。清朝乾隆皇帝酷爱下棋。一天，他率大军出征边关，路过聚贤镇，见一宅院门楣上高悬"棋界大王"的金匾，心中不悦，遂令停辇传宅主回话。

一位七旬老翁到辇前跪下启奏："因喜对弈，村镇未逢敌手，故村民以匾相赠，望万岁海涵。"

乾隆听罢，对老翁说："愿同朕对弈吗?"

"小老儿岂敢同万岁对弈。"

乾隆说："下棋本是益智之事，朕不怪你就是。"于是，乾隆入宅同老者对弈起来。只十几步，乾隆就占了上风，不一会儿，便把老者杀得片甲不留。乾隆冷笑责道："朕念你寿高，摘掉匾牌，不许再称'棋王'"。

老者伏地叩头请罪。

乾隆剿灭入侵之敌，班师回朝，又路经聚贤镇。见老者的牌匾重新漆油、书写，金光闪闪，气的七窍生烟，便传旨缚老者来问罪。老者坦然跪在辇前。

乾隆道："大胆刁民，牌匾为何重新漆油、书写!"

老者说："启禀万岁，小老儿自知欺君之罪，当灭九族。只是上次与万岁对弈输棋，是因为没有施展出真实本事，所以专候万岁凯旋回朝，小老儿冒死相请，再赌输赢。"

乾隆虽心中不高兴，但想到老者不服，也许真有绝技，不如再对弈。如果他输了，那时再治罪也不迟。于是，乾隆又与老者人宅对弈。

不过，这次是老者12岁的孙子与乾隆对弈。乾隆本想施绝技，速战速决，置小孩子于死地。没想到小孩出手不凡，只十几步就把乾隆杀得捉襟见肘。老者一边观看，一边担心孙子把皇帝"将"成死棋，不好下台。恰好此时一阵风把几片落花吹到棋盘上，老者乘拾花之机偷掉孙儿的一个棋子。聪明的孙子领悟爷爷的用心，故意走出破绽，让皇帝吃了二子，最后走成和棋。

乾隆连连称赞小孩的棋艺。当他得知小孩师从其爷之时，便道："前次对弈，为何输棋呢?"

老者回答："因万岁亲自出征，应每战必捷。小老儿宁可败棋，也要祝万岁棋（旗）开得胜，马到成功!"

乾隆暗叹："聚贤镇果然名不虚传! 山野之民，竟如此通晓大义。"于是令人取来文房四宝，御笔亲书"棋界圣手"四个大字，以示奖赏。

老者的一番策划，既让乾隆暗悟"棋界大王"的厉害，又不伤及皇帝的体面。世事如棋，可知其功力之深。

一个人的才智，其实是个变数。谦虚使一个人的才智增值，自负使一个人的才智贬值；谦虚使一个人的才智增色，自负使一个人的才智逊色；谦虚使一个人的才智更具魅力，自负使一个人的才智产生斥力。

 真正的谦虚是美德之母

真正的谦虚是接近高尚和伟大的美德，是一切美德之母。美德是一个人的内在，荣誉是一个人的外在。美德好比是荣誉的种子，播种下美德，收获的必然是荣誉。

1967 年 7 月 20 日，美国宇航员阿姆斯特朗从航天器太空舱上走下来，向月球迈出了"一小步"。从此，他改写了人类航天史，使人类向太空迈出了一大步。正如阿姆斯特朗自己所说："我个人的一小步，是全人类的一大步。"这句话，几乎是全世界家喻户晓的名言。

就在阿姆斯特朗登上月球的前两天，也就是 7 月 18 日，由于担心宇航员们上了月球之后回不来，美国政府悄悄拟就了一份声明，为登月计划作了可能出现最大不幸的准备。当时的美国总统尼克松为自己准备了一份声明，这份声明由尼克松当时的幕僚威廉·萨费尔撰写。后来，萨费尔成为了《纽约时报》的专栏作家。

在这份题目为《登月灾难事件》的声明中写道：

命运已经注定前往月球寻求和平的宇航员们将在月球上安息了！阿姆斯特朗和奥尔德林是两个勇敢的人，他们知道自己已没有回来的希望，但是他们知道，他们的牺牲将会为人类带来希望。他们的家人和朋友将怀念他们，他们的祖国将怀念他们……在古代，人们仰望星空，从星座中看到了他们的英雄。在现代，我们也是如此，但看到的是我们用血肉铸成的英雄。后人将追随他们，并且肯定能发现他们回家的路，人类的探求不会终止，他们两个人将永远活在我们心中。在夜晚，当人们仰望星空，看到月亮出来的时候，人们会知道，在另一个世界里有人类已经征服的角落。

按照当时的计划，一旦宇航员无法返回地球，美国航空和航天局就将切断与他们的联系，一名牧师将按海葬的仪式为他们祈祷。尼克松将召见阿姆斯特朗和奥尔德林的妻子，对她们进行安慰，然后宣读上述声明。

幸运的是，就在尼克松与登到月球表面上的阿姆斯特朗等人通电话4天后，宇航员都安全返回了地面。

其实，第一次登陆月球的太空人共有两位。除了大家所熟知的阿姆斯特朗之外，还有一位是奥尔德林。

在隆重庆祝登陆月球成功的盛大记者招待会上，有一个记者突然问奥尔德林一个很特别的问题："由于阿姆斯特朗先走出太空舱，成为登陆月球的第一个人，你会不会觉得有点遗憾？"

在会场众人有点尴尬目光的注视下，奥尔德林面带微笑很有风度地回答："诸位，千万别忘了，回到地球的时候，我可是最先走出太空舱的。"接着他环顾四周风趣地说："所以，我是由别的星球来到地球上的第一个人。"

大家在欢笑声中，都发自内心地给予他极其热烈的掌声。

毫无疑问，奥尔德林把重大荣誉让给伙伴的谦虚美德，已经成为载入人类航天史册上的一段脍炙人口的佳话。

在1839年，英同博物学家达尔文就已经形成了进化论的观点，并陆续写成了手稿。但他没有急于付印发表，而是继续补充论据，完善验证的材料。这个精益求精的过程，长达20年。

在1858年夏初，止当达尔文准备发表自己研究成果的时候，突然收到从马来群岛从事考察研究的另一位英国博物学家华莱士所写的论文，题目是《记变种无限地离开其原始模式的倾向》，其内容跟达尔文正准备脱稿付印的研究成果不谋而合，如出一辙。

在这个关系到谁是进化论创始人的重大荣誉问题上，达尔文准备放弃自己研究成果的首创权，将首创权的重大荣誉让给华莱士。他在给英国自然科学家赖尔博士的信中说："我宁愿将我的全书付之一炬，也不愿华莱士或其他人认为我达尔文待人接物有市侩气。"

深知达尔文研究工作的赖尔，坚决不同意达尔文这样做。在赖尔的坚持和劝说下，达尔文最终同意把自己的原稿提纲和华莱士的论文一并送到"林奈学会"，同时宣读。

华莱士得知达尔文先于自己20年就有了这项科学发现之后，深有感慨地说："达尔文是一个耐心的、下苦功的研究者，勤勤恳恳地收集证据，以证明他发现的真理。"

华莱士诚恳地宣布："这项发现本应该只归功于达尔文，由于偶然的幸运我才容膺了一席。"

达尔文成人之美的谦让行为，不仅赢得了华莱士对达尔文的莫大尊敬，而且赢得了整个世界对达尔文的莫大尊敬。

只有品格高尚、能够正确对待荣誉的人，才能得到真正的荣誉。如果没有高尚品格的支持，不论得到了多么重大的荣誉，都很难持久，很难让大家心服口服。真正的谦让是崇高的美德，是一切美德之母。在荣誉面前，谦让的心灵能够赢得众人的喜爱和尊敬。

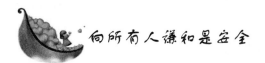

向所有人谦和是安全

班克·海德是位资深演员，不仅演技精湛，而且聪明过人。"年年岁岁花相似，岁岁年年人不同。"无情的岁月在她的脸上刻下了道道皱纹，使她失去了昔日的羞花闭月之貌。

有一天，她偶然听到跟自己在百老汇同台演戏的一位年轻女演员极其傲慢地对众人说："班克·海德实在没有什么了不起的，我随时可以抢她的戏。"

班克·海德知道这是一个很有发展前途的年轻演员，但不改掉目空一切、自高自大的毛病，是不可能有所作为的。于是，她从旁边走出来，既心平气和又针锋相对地说："老妹妹，说句不够谦虚的话吧，我甚至不在台上也可以抢了你的戏。"

这位年轻的女演员听后不以为然，针尖对麦芒地说："您过于自信了吧。"

班克·海德说："那我们就在今晚演出的时候试试看。"

第五章　保持谦卑——有梦想谁都了不起

当天晚上，班克·海德和那年轻女演员同台演出。演出快结束的时候，班克·海德要先退场，留下那名女演员独自演出一段电话对话。

班克·海德在台上表演完饮香槟之后，把盛着酒的高脚杯放在桌边上，随即退下场。高脚酒杯有一半露在桌外，眼看就要跌下去了，观众担心、紧张，几乎都注视着那个随时都可能掉到舞台上的高脚杯。

那位年轻的女演员只好在观众心不在焉的表情下演完这场戏。不用细说，观众紧张的吃笑声，破坏了她本来可以大出风头的演出。

为什么高脚杯没从桌边掉下来呢？原来，老练的班克·海德退场前用透明胶布把高脚杯粘在了桌边上。

那位年轻的女演员从此事中领悟到，如果能把遇见的每个人都当成老师，能学到许多课堂上无法学到的知识，同时也能化解许多不必要的阻力和麻烦。对于一个刚出道的年轻演员来说，更是如此。

那位年轻的女演员主动找到了班克·海德，诚心诚意地承认了自己的错误。

班克·海德大度而关切地说："花开能有几日红，年轻莫笑白头翁。如果年轻美貌是一个人的推荐信，那么优秀品质则是一个人的信誉卡。"然后，拿出了一个厚厚的笔记本，送给了那位年轻的女演员。班克·海德在笔记本中，记下了多年舞台生涯的丰富经验和教训，并在笔记本的首页给那位年轻的女演员写下了这样的话：

"向尊长谦恭是本分；向平辈谦虚是友善；向下属谦让是高贵；向所有人谦和是安全。"

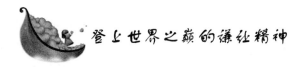

登上世界之巅的谦让精神

一位新西兰的登山者和他的夏尔巴人向导历经千辛万苦，终于攀登到了与珠穆朗玛峰峰顶只有短短两米的距离。在此之前，世界上还从来没有人达到这样的高度。

他们两人中的任何一个只要向前迈出几步，就可以成为登上珠峰的第一人。而这几步，对于谁来说都已经是易如反掌的事情。

居住在大都市的新西兰登山者，深知第一个登上顶峰是自己多年以来梦寐以求的理想。但在登上巅峰前的几步，他战胜了自己的欲望，决定把这个必将载入史册的荣誉让给他的向导。他认为，只有和珠峰朝夕相处的夏尔巴人，才更有资格第一个登上顶峰。于是，他对向导说："这是在你的家乡，还是请你先上吧。"

因为他们都戴着氧气罩，这位老实、厚道只是为了赚些酬劳的向导，并没有听清楚登山者的话，而是从他的表情和谦让的手势中明白了他的意思，但向导绝对不明白首先登上珠峰的重大意义。

向导向前走了几步，登上了世界之巅，在那里留下了人类有史以来的第一行脚印。

新西兰登山者随后跟上，他们在世界之巅紧紧拥抱，高呼着："我们成功了！"

新西兰登山者叫希拉里，向导叫丹增。他们冲顶的时间是1953年5月29日。这一天，在人类登山史上记下了光辉的一页。

50年后，在隆重纪念人类登上世界之巅的时刻，人们并没有忘记希拉里的谦让精神。人们赞扬他，说他"在冲顶的那一瞬，战胜了比珠峰还高的欲望"。

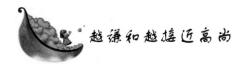

越谦和越接近高尚

谦和与高尚是近邻，谁越谦和，谁也就越接近高尚。谦和像一件神奇的衣裳，谁穿上它，谁就会变得更加俊美。

黑格尔是学识渊博的德国大哲学家，也是极谦和的人。

对黑格尔来说。谦和已经成为一种习惯。那次朋友们聚会，一位朋友问他："您一贯谦和的习惯是怎么养成的呢？"

他没有直接回答，而是讲了小时候的一件事：

有一天上午，父亲邀他一同到林间漫步，他高兴地答应了。

父亲在一个弯道处停了下来，专心地听了一会儿，问黑格尔："孩子，除了小鸟的歌唱之外，你还听到了什么声音？"

他仔细地听了一会儿，自信地回答："我听到了马车的声音。"

父亲说："对，是一辆空马车。"

黑格尔惊讶地问父亲："我们都没看见，您怎么知道肯定是一辆空马车呢？"

父亲答道："从声音就能轻易地分辨出是不是空马车，因为马车越空，噪音就越大。"

从此以后，黑格尔将父亲的话牢记在心。每当要出现粗暴地打断别人说话苗头的时候，每当要出现自以为是、贬低别人苗头的时候，他都会想到父亲的提醒："马车越空，噪音就越大。"

托马斯·杰弗逊是美国的第3任总统，也是极谦和的人。

1785年。他曾接替富兰克林出任驻法国大使。有一天，他去法国外长的公寓拜访。

"您代替了富兰克林先生？"外长问。

杰弗逊回答说："不，我是接替他，没有人能够代替得了富兰克林先生。"

外长不解地说："在我看来，您和他都是美国建国时期的伟大人物。流传千古的《独立宣言》就是由您执笔，经富兰克林先生修改而成的。你们两个人双峰并峙，交相辉映，互相尊重，亲密合作，是分不出高低上下的。"

杰弗逊又回答说："不，我代替不了他。富兰克林先生除在思想、政治领域之外，在众多的其他领域也都取得了巨大的成就。在这个意义上说，确实没有人可以代替得了他。"

这使我想到了戈尔泰的一句话："伟人多谦虚，小人多骄傲。"

乔·路易是纵横拳坛、打败众多高手的美国著名拳王，也是极谦和的人。

有一天，他和朋友骑车一起外出，在路上被一辆货车刮倒了。货车司机怒气冲冲地跳下车，强词夺理地把他们痛骂了一顿。

106

等货车司机走了以后，朋友纳闷地问他："你为什么不用拳头修理修理那个无理取闹的混蛋？"

他微微一笑，幽默地说："谦和基于力量，傲慢基于无能。如果有人侮辱了歌王卡罗索，你想一想，卡罗索会为他唱一首歌吗？"

乔·路易平时为人十分谦和，与赛场上的勇猛顽强判若两人，完全不同，被人誉为"谦和的拳王"。

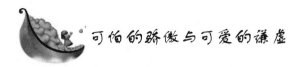

可怕的骄傲与可爱的谦虚

1952年，作家刘绍棠的文学创作引起了人们的关注，被誉为"神童作家"。他年仅16岁，就被调到团中央工作。1957年春天，在北京文艺界的一次座谈会上，他的发言有些过激。第二年，风华正茂的他被错划为三类右派，开除了党籍。

在那种以"阶级斗争为纲"的年代，时任团中央第一书记的胡耀邦，尽管为挽救刘绍棠和其他同志做出了相当的努力，但还是无力回天，只能连连叹到："损失惨重，损失惨重啊！"

在刘绍棠准备到大运河边的儒林村接受改造时，胡耀邦与他淡了一次话。胡耀邦问："你知道你为什么犯错误吗？"

刘绍棠回答："我是因为一本书主义，堕入了个人主义的万恶深渊。大反社会主义……"

胡耀邦没等他说完，就打断他的话，大声地说："你什么也不是，就是骄傲！"刘绍棠临走时，胡耀邦握住他的手嘱咐说："好好干，20年后还是一条好汉！"

"你什么也不是，就是骄傲！"这话击中了要害，讲得太精辟、太深刻了！骄傲，足以让一个风华正茂、前途无量的新星身败名裂！与骄傲相反，谦虚，却能把一个战果辉煌、赫赫有名的将军镶嵌得更加璀璨夺目。

美国南北战争时，北军格兰特将军和南军李将军率部交锋。经过一番空前激烈的血战，南军一败涂地，溃不成军，李将军被送到浦麦特城去受审，签订降约。

当有人请格兰特将军讲一讲指挥这次激战获胜的得意之笔时，

他不仅对自己卓越的军事指挥才能一字未提，而且将胜利归功于天气和时运。他说："这次胜负的结果，在很大程度上是由外界环境决定的。当时敌方军队在弗吉尼亚，几乎天天遭遇阴雨天气，害得他们不得不在雨中泥中挣扎。相反，我军所到之处，几乎每天都是好天气，行军异常方便。而且有许多时候往往是在我军离开一两天后便下起雨来。所有这些，不是幸运是什么呢！"

当有人请格兰特将军讲一讲对李将军的看法时，他不仅对败军之将没有丝毫的轻蔑。反而对其标准的军人风度表示了由衷的赞赏。他说："李将军是一位值得我们敬佩的人。他虽然战败被擒，但态度仍旧镇定异常，像我这种矮个子，和他那六尺高的身材比较起来，真有些相形见绌。他仍然穿着全新的、完整的军服，腰间佩带着政府奖赐他的名贵宝剑，而我却只穿了一套普通士兵穿的服装，只是衣服上比士兵多了一条代表中将官衔的条纹罢了。"

有人听后大惑不解地问："一个败军之将，居然也昂首挺胸、衣冠楚楚，岂不是太不自量力了吗？"

格兰特将军解释道："李将军虽然战败，但仍能坦然忍受耻辱，这正是他勇敢坚毅的地方。他这样做，是表示他把失败当作一种经验，而绝非仅仅是一种耻辱。如果能再给他一次机会的话，他仍能挺身奋战，争取光荣。所以说，他虽是败军之将，但却一直保持着一位伟大军人的风度。"

有人问："您为什么坚持不谈自己在激战中的功劳与贡献？"

格兰特将军答到："骄傲是可怕的，因为它能把一个出类拔萃的人搞得身败名裂。谦虚是可爱的，因为它能把一个功成名就的人镶嵌得更加璀璨夺目。每一个人，永远都不能过分强调个人的作用，更不能把个人的作用强调到决定整个战局的地步。"

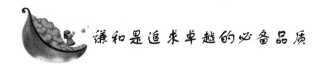

谦和是追求卓越的必备品质

比尔·盖茨鼓励员工畅所欲言，对微软公司的发展、存在的问题，甚至上司的缺点，都可以毫无保留地提出批评、建议或意见。他多次说过："微软公司要建立平等的环境，直接的沟通，施行'开门政策'，也就是说，任何人可以找任何人谈任何话题，任何人也都可以发电子邮件给任何人。如果人人都能提出批评、建议或意见，就说明人人都在关心微软公司。只有这样，微软公司才会有前途。"

1995 年，比尔·盖茨宣布一项决定，微软公司将不再涉足浏览器领域的产品。对此，很多员了提出了明确的反对意见。其中，有几位员工发信给比尔·盖茨，直言不讳地说："这是一个危险的错误决定。"

比尔·盖茨立刻虚心地听取了员工们的反对意见，并在认真地反思之后写出了《互联网浪潮》这篇文章。他在此文中诚恳地承认了自己决策的错误，按照员工们的意见调整了微软公司的发展方向。同时，他削减或取消了许多产品的开发，以便把优秀的员工调到开发浏览器的岗位上。那些批评比尔·盖茨的员工，不但没有受处分，而且得到重用，几乎都成了微软公司重要部门的负责人。

员工们说："比尔·盖茨不仅有接受别人批评的胸怀和改变自己的勇气，而且有善待员工的魅力。"

有一天，一个新员工开车上班时不小心撞坏了比尔·盖茨停着的新车。她吓得不知所措，只好向老员工请教应该如何补救。老员工很有把握地说："你给比尔·盖茨发一封电子邮件，道个歉就是了。"在发出电子邮件后一小时，就收到了比尔·盖茨的回信。回信说："别担心，只要没伤到人就好。同时，借此机会对你加入微软公司表示热烈的欢迎。"

比尔·盖茨的谦和，对微软公司的风气和发展产生了巨大的影响。

在李开复刚刚加入微软公司的时候，和许多其他员工一样，收到了市场部门经理的一封电子邮件。他兴高采烈地说："我很高兴地告诉大家，我们的产品展览获得了令人振奋的成绩，在 10 项大奖中我们囊括了 9 项。让我们自豪地庆祝吧！"但是，他没想到，在一个小时之内，他收到了十多封回信。员工们问："我们没得到哪个奖？为什么没得到那个奖？我们从中应得到什么教训？明年怎么样才能得到 10 项大奖？所有这些，为什么不告诉我们？"

对此，李开复深有感触地说："在那一刻，我理解了微软公司为什么会成功。任何一个领导者，如果唯我独尊，不能听取批评，不能容忍不同意见，那他也许可以取得某些暂时的成功，但却绝对无法达到卓越的境界。因为，谦和是从优秀到卓越必不可少的品质。"

有梦想就有动力

第六章　砥砺品格——让心儿向着梦想高飞

　　没有高尚的人格，便没有高尚的事业。没有高尚的
人格，便没有高尚的命运。

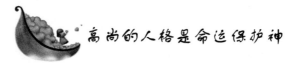高尚的人格是命运保护神

没有高尚的人格，便没有高尚的事业。没有高尚的人格，便没有高尚的命运。

1970 年 12 月 6 日，波兰的首都华沙寒气逼人。来访的联邦德国总理勃兰特向华沙无名烈士墓献完花圈之后，来到华沙犹太人殉难者纪念碑前的广场。突然，他双膝着地，跪在了纪念碑前！他是向二战中被德国纳粹屠杀的 510 万犹太人表示沉痛哀悼，为纳粹时代德国所犯下的罪孽深感负疚，虔诚地认罪赎罪。勃兰特此举震惊了世界，尤其震撼了德国人的灵魂。当时的民意调查显示，有 80% 的德国人非常赞赏此举，认为这种出乎意料的方式更充分地表达了德国人悔罪的诚意。此举也赢得了波兰人民的理解和信任，认为它为"结束一段充满痛楚与牺牲的罪恶历史"迈出了重要的一步。1971 年的诺贝尔和平奖授予了勃兰特。

1976 年 1 月 8 日，周恩来逝世。9 日凌晨 5 点，联合国总部大厅的联合国大旗降了半旗，所有联合国会员国的国旗，都不升起，这在联合国从无先例。因此，有的国家大使提质问：我们国家的元首去世，联合国大旗依然升得那么高，中国的第二首脑去世，联合国降半旗还不算，还把其他国家的国旗收起来，这是为什么？当时的联合国秘书长瓦尔德海姆说："为了悼念周恩来，联合国下半旗，这是我的决定。原因有二：一、中国是个文明古国，她的金银财宝多得不计其数。可是她的总理周恩来在国际银行没有一分钱的存款！二、中国有 10 亿人口，可是她的总理周恩来没有一个孩子！你们任何一个国家元首，如能做到其中一条，在他去世时，总部也可以为他降半旗。"全场人默然。

阿根廷政府最近作出一项特别决定，向在第二次世界大战期间做出过重要贡献的辛德勒遗孀埃米莉·辛德勒夫人每月提供 1000 美元的生活补贴，以使这位老人安度晚年。埃米莉·辛德勒夫人在第

二次世界大战期间，曾与丈夫一起冒着生命危险从德国法西斯集中营里救出 1200 名犹太难民。他们的这段传奇经历，后来被美国导演斯皮尔伯格搬上银幕。电影《辛德勒的名单》真实、成功地录下了这段历史，荣获奥斯卡大奖，辛德勒夫妇的事迹也因此被世人广泛传颂。二战结束后，辛德勒夫妇于 1949 年来到阿根廷首都布宜诺斯艾利斯的圣维森特区定居。1974 年丈夫去世后，独居此地的埃米莉因缺少收入来源，经济开始拮据，生活困难。阿根廷的内政部长科拉奇在总统府接见了埃米莉·辛德勒夫人，并向她宣布了这项由梅内姆总统特批的决定。

在重大的历史事件面前，在尖锐的意见分歧面前，在衰老的生存困难面前，是什么有如神助的力量保护了人的命运？甚至保护了民族、保护了国家的命运？是什么有如神助的力量能够使不同语言、不同肤色、不同民族、不同国家的人民消除隔阂、形成统一的思想和意志？是善良的力量，是正义的力量，是进步的力量，是推动历史车轮向前发展的人民群众的力量。而人格的力量，就是这些力量的集中体现。人格是个人的道德品质，也是个人的性格、气质、能力等特征的总和。不可否认，具有高尚人格的人也可能遭遇厄运和不幸。但是，具有高尚人格的人宁可遭遇厄运和不幸，也绝不会放弃高尚的人格，因为他们并不是为了得到回报才保持高尚的人格。积善多者，虽有一恶，是为失误，不足以亡。积恶多者，虽有一善，是为误中，不足以存。从历史的观点看，从发展的观点看，从全局的观点看，高尚的人格无疑是命运的保护神。

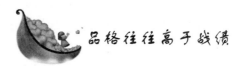

品格往往高于战绩

品格往往高于战绩，因为使人高贵的主要标志是品格，而不是战绩。战绩辉煌而品格低下者，不为贵；地位低下而品格高尚者，不为贱。

品格往往高于战绩，因为使人心悦诚服的主要力量是品格，而

第六章　砥砺品格——让心儿向着梦想高飞

不是战绩。

品格往往高于战绩，因为使人争相传颂的主要事迹是品格，而不是战绩。

品格往往高于战绩，因为品格比战绩流传得更加久远，更能成为人们心中的不朽丰碑。

大流士和亚历山大在伊萨斯大战，大流士一败涂地、落荒而逃。

一个忠实的内侍不辞千辛万苦找到了大流士。大流士一看到忠实的内侍，首先问自己的母亲、妻子和孩子们是否活着？内侍回答说，他们都还活着，而且她们受到的殷勤礼遇跟大流士在位时一模一样。大流士听完之后又问自己的妻子是否仍忠贞？回答仍是肯定的。于是，大流士又问亚历山大是否曾对自己的妻子强施无礼？这位内侍先发了誓，随后说："大王陛下，你的王后跟离开您的时候一样。亚历山大是最高尚的人，最能控制自己的人。"

大流士听了这话，举起双手，对着苍天祈祷说："啊！宙斯大王！您掌握着人世间帝王的兴衰大事。既然您把波斯和米地亚的主权交给了我，我祈求您，如果可能，就保佑这个主权天长地久。但是如果我不能继续在亚洲称王了，我祈求您千万别把这个主权交给别人，只交给亚历山大，因为他的行为高尚无比，对敌人也不例外。"

看来，使大流士能够情愿交出王权的原因，主要的并不是亚历山大以力服人的战绩，而是亚历山大以德服人的品格。

还有一个品格高于战绩的故事，它真实地发生在两个奥运健儿身上，足令世人感动。

捷克的艾米尔·萨托柏克从小善跑，长大后终于成为一名出色的长跑运动员。在多次参加的奥运赛事中，他结识了来自澳洲的另一位长跑运动员——维恩·克拉克。共同的理想和追求，使他们很快建立起深厚的友谊。

萨托柏克的年龄比克拉克略大，名声也比克拉克要响，曾在两届奥运比赛中，有过连夺5枚奖牌的佳绩，其中有4枚金牌，1枚银牌。萨托柏克成为国际体坛上冉冉升起的一颗耀眼明星，但是他从来都不居功自傲。而克拉克却没有这般幸运，尽管打破过17项世界长跑纪录，可从未得到过一枚奥运金牌。为此，克拉克一方面常常心怀遗憾，另一方面又一直努力不懈。

又逢东京奥运会开幕，各国运动健儿相聚在五环旗下。在参加1万米长跑时，萨托柏克与克拉克再次交手，两人展开激烈地追逐。然而，天不随愿，克拉克还是没得到这枚金牌。

赛事结束后，克拉克去看望萨托柏克，受到了极其热情的接待。临别的前夕，萨托柏克郑重其事地交给克拉克一个精美的包裹，并认真地嘱咐他："在登上飞机之前，千万不要打开它。"

克拉克感到迷惑，但还是点头应允。

当波音客机飞越太平洋上空的时候，克拉克悄然打开了那个精美的包裹。令他惊喜不已的是，里面竟是一枚多年来梦寐以求的金光闪闪的奥运金牌。金牌下放着一页信笺，萨托柏克在信笺上写道：

"亲爱的克拉克，感谢你这么多年来一直伴我驰骋赛场，可你知道吗？正是因为你这种屡败不馁的精神激励着我，它让我时刻明白无论在什么时候，都要戒骄戒躁，勇往直前。因此，我的成绩也有你的血汗，我的荣誉也就是你的荣誉。今天赠你这枚金牌，它应该属于你，请接受我诚挚的情意……"

此后，这枚金牌成了克拉克的非同寻常的珍藏品，始终陪伴在他身旁。

这个的故事也很快传颂开来，成为流传世界体坛的一段佳话。人们无不夸赞萨托柏克是一位真正的奥运健儿，是一位比只夺得奥运金牌更加高尚与辉煌的奥运健儿。

才者德之资，德者才之帅。品格主要体现高尚的道德。战绩主要体现卓越的才能。但是，品格往往高于战绩。高尚的道德和卓越的才能，两者缺一不可。

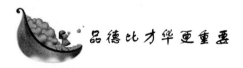

品德比才华更重要

那些以为才华比品德更重要的人，往往会失掉自己的才华。才

115

华离开了品德的统帅，就如盲人骑瞎马，夜半临深池。把才华用于正路，则才华越多越好；把才华用于邪路，则才华越多越糟。最能将一个才华横溢的人毁掉的，不是别人，而是其自己。

一次高考中，一位朋友的孩子做了一件令人遗憾的蠢事，他因违反考场纪律而被作废了两张试卷。以他平时的学习基础和实力，其实考上一所一般大学是完全没有问题的，结果却遗憾地落榜了。于是，他父亲给他讲了下面的两件事。

那是公元 1887 年，在一家小小的杂货店，一个年过六旬、外表高贵的绅士来到杂货店购买水仙花，他取出一张 20 美元的纸钞票，交款后等着找钱。店员接过钱后，准备给他找钱，由于她的手因整理水仙花而湿淋淋的，她突然发现纸钞上掉色的墨水滴落到了她的手上。

店员感到很震惊，并且停下来考虑该怎么办才好，她内心斗争了片刻，很快就做了决定。这位顾客叫爱曼纽·宁格，是一位老朋友、老邻居和老顾客。店员觉得，他大概不会给自己一张伪钞，所以就找钱让他离开了。

在当时，对于一个店员来说，20 美元毕竟不是一个小数目，她思之再三，最后还是把钱交给警方进行了鉴定。有一位警察认为这并非伪钞，而其他的警察则对颜色为什么会被擦掉感到困惑。在责任感的驱使下，他们开展了调查，结果在宁格先生家的阁楼里发现了制做美元的设备，以及一张正在制做的 20 美元钞票，还发现了宁格先生画的三张肖像画。

宁格先生是一位很优秀的画家，他的造诣颇深，能用手绘制那些 20 美元的钞票。他用一笔一画，鬼斧神工地画出了这种能蒙过众人的伪钞。但真的假不了，假的也真不了，这位店员的湿手识破了伪钞，使其真相败露。

宁格先生被捕后，那三张肖像画的公开拍卖款是 1.5 万美元。令人难以理解的是，他用来画一张 20 美元钞票所花的时间，跟画一张价值 5000 美元的肖像画所需的时间几乎是相同的。有充分的证据说明，宁格先生这位聪明而又有天分的画家竟成为一个伪钞的制作者。其实，损失最惨重的人正是宁格先生本人。如果他能合法地出

有梦想就有动力

售他的才华，不仅会成为很富有的人，而且在这一过程中也会给别人带来很多喜悦与利益。

无独有偶。贝利是20世纪20年代许多人都知道的珠宝大盗。他偷窃的对象，都是有钱有地位的上流人士。他还是位艺术品鉴赏家，所以有"绅士大盗"之称。贝利因偷窃被捕，被判刑18年。

出狱后，各地的记者纷纷前来采访他。其中有位记者问了一个有趣的问题："贝利先生，你曾偷了许多有钱人家的珠宝，我想知道，蒙受最大损失的人是谁？"

贝利不假思索地说："是我。"

记者们哗然。贝利接着解释说："以我的才能，我应该能成为一个成功的商人、华尔街的大亨，或是对社会很有贡献的一分子。但我不幸选择了做盗贼，成了一个向自己偷窃东西最多的人。各位都知道，我生命中四分之一的时间，是在监狱里消耗掉的。"他试图以偷盗暴富，然而最大的失主却是自己。

才者，德之资也；德者，才之帅也。品德常能填补才华的缺陷，而才华却很难填补品德的缺陷。没有伟大的品德，就没有伟大艺术家，就没有伟大的人。才华与品德好比同一辆车子的两个轮子，但品德比才华更重要。

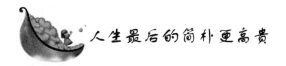

人生最后的简朴更高贵

法国总统戴高乐是一代伟人，他在晚年写下了《我不需要国葬》的遗嘱：

"如果我在他乡去世，请应将我的遗体运回家乡，不要举行任何公开仪式。

我的墓地就是已经安葬了我女儿安娜的那块墓地，我妻子将来有一天也要安葬在那里。

碑文上写夏尔·戴高乐，生卒年。别的什么都不要。

仪式将由我的儿子、女儿、女婿、儿媳，以及我办公室人员的协助下进行安排，务必使之极其简单。

我不要国葬，不要总统、部长、两院各单位和行政、司法机构参加。

只有法国军队可以以军队的身份正式参加，但参加的人数应该很少。不要音乐，不要军乐队，不要吹吹打打。

在教堂里和别的地方，都不要发表讲话。

在议会里，不念悼词。

举行仪式时，除了给我的家属，给我的那些曾经荣获解放勋章的战友，给科隆贝镇议会留出席位外，不留其他任何席位。

法国和世界上其他一些国家的男女，如果愿意的话，可以把我的遗体护送到我的墓地，以此作为对我的纪念。

但是，我希望在安静的气氛中把我的遗体送到我的墓地。

我事先声明，拒绝接受法国或外国的勋章、晋升、称号、表彰和声明。

无论授予我什么，都是违背我的遗愿的。"

1970年11月9日，戴高乐——这位被世人誉为拯救了法兰西的英雄去世了。人们按照他的遗嘱，买了价值仅为72美元的橡木棺材将他安葬。他的灵柩由村里两个乳酪制造工人、一个农民、一个屠宰工人的助手抬着，送到他的出生地——科隆贝镇双教堂村的墓地。他的墓碑上写着："夏尔·戴高乐，1890至1970。"一点也没有对他生前的丰功伟绩的宣扬，一点也没有与他的伟大业绩相应的豪华陈设。

音乐大师赫伯特·冯·卡拉扬誉满全球，拥有数十亿美元的财产。他生前曾表示，自己的后事一定要简朴，他要安息在自己的故乡，因为家乡的乳汁滋养了他。

他的墓前没有石碑，只有一个既未雕刻也未油漆的十字架，上边刻着他的名字，墓地种满了白色的小花。并非小镇上的人们不想为这位伟大的同乡建一座坟墓，而是卡拉扬的后人坚持，只有遵从死者的意愿，才是最好的纪念。

文学大师托尔斯泰的墓地在距离莫斯科不远的亚斯纳亚庄园。坟墓是一个极普通的小土丘，旁边立着一个极普通的小木牌。小木牌上刻着两行字："请你把脚步放轻些，不要惊扰正在长眠的托尔斯泰！"

这个周围除了茂密的参天大树，没有其他任何明显的标志小土丘，每天都吸引着全世界数以千计的人来到这里，他们静静地站在土丘前，献上一束野花，表达自己由衷的崇敬。所有来这里的人，都轻轻地从小土丘前走过，仿佛担心会真的惊醒了沉睡中的托尔斯泰。

哲学大师黑格尔是世界文化领域里顶天立地的人物，他的墓地也很简朴、很普通。在德国柏林的一座极不起眼的公墓里，静静地躺着伟大的黑格尔和他的夫人。他的坟墓是18号，只是众多坟墓中的普通一个，与周围那些不计其数普通的平民坟墓没有任何区别。

每一天来拜访黑格尔的人很多，大家往往要费一些周折才能找到他的坟墓。当拜访者站在这个简朴、普通的墓前时，每一个人的精神和灵魂都得到了一次洗礼和升华。

这些人生最后的简朴，不仅无损于这些伟人和大师的光辉形象，反而使他们的灵魂更加高贵。

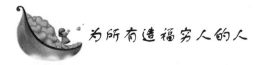

为所有造福穷人的人

诺贝尔和平奖设立于1901年，以瑞典人阿尔佛雷德·诺贝尔的姓氏命名。根据诺贝尔的遗嘱，和平奖应该奖给"为促进民族团结友好、取消或裁减常备军队以及为和平会议的组织和宣传尽到最大努力或做出最大贡献的人。"奖项可以授予个人，也可以授予组织，但他们必须与同一事业有关。

2006年，诺贝尔和平奖的竞争异常激烈，获得提名的候选人共有191名，其中有促成签订和平协议的芬兰前总统马尔蒂·阿赫蒂萨里，澳大利亚资深和平斡旋者加雷思·埃文斯，印度尼西亚总统苏西洛·班邦·尤多约诺等等，他们都被认为是有望获奖的重量级人物。

正如挪威国际事务协会主席路甘德在公布获奖名单前所说："今年候选人涉及的领域有所扩大，因而很难准确地预测出谁能获此殊荣。"

2006年10月13日下午5点，瑞典皇家科学院诺贝尔和平奖评审委员会庄严宣布2006年度备受瞩目的诺贝尔和平奖授予孟加拉国的"穷人银行家"穆罕默德·尤努斯及其创建的"乡村银行"，也称格莱珉银行。届时将颁发1000万瑞典克朗，约合137万美元的奖金，以表彰他们30年来用小额信贷造福穷人的杰出贡献。

这一评审结果虽然出乎各方面的事前预测，但评审委员会公开了做出这个选择的理由之后，世界各国心悦诚服。评审委员会的发言人说："穆罕默德·尤努斯和他银行的工作表明，即便穷人中最贫穷的人也能通过努力获得自身发展。要实现持久的和平，除非人们找到对抗贫困的办法，而无抵押的小额信贷正是这样一种对抗贫困的有效办法。"

许多媒体认为这次颁奖很有意义，不仅是为穆罕默德·尤努斯，而且也是为所有造福穷人的人，树立了一座丰碑。

"乡村银行"创办于30年前的1976年。那时，穆罕默德·尤努斯在美国获得了经济学博士学位后返回了自己的祖国——孟加拉。当时他碰到了一名制作竹凳的贫困妇女，因为受到放贷人的盘剥，一天连两美分都挣不到。在深入调查的基础上，他试图用无抵押的小额贷款帮助贫困妇女逐渐摆脱廉价出卖劳动力的悲惨命运。他发放的第一笔只有27美元，贷给了42个贫困妇女。经过尝试后，当年穆罕默德·尤努斯创办了全球第一家为没有经济保障的穷人服务的"乡村银行"。与此同时，他提出了令人耳目一新的经营理念："小额贷款只贷给穷人，甚至是乞丐"；"发放的贷款无需任何抵押或法律文书保障"；"穷人不需要到银行来，银行要到他们中间去"等等。

穆罕默德·尤努斯在接受采访时曾谈到过为什么创办"乡村银行"的缘由："我是教经济学的，我的梦想就是让人们有更好的经济生活，于是我常常扪心自问我在教室里所讲授的课题到底有什么实质的好处？因为我教给学生的全都是一些关于经济学的理论，而当

120

我真正走出教室时，看到的却是人民深重的灾难，骨瘦如柴的人们奄奄一息，整个国家都陷入了困境。所以我一定要走出大学校园，到村庄中去……"

30 年过去了，"乡村银行"帮助千百万人脱离了贫困。正如《华盛顿邮报》在报道中所说，在 639 万名借款人中，有 96% 是女性，有 58% 的借款人及其家庭已经成功脱离了贫穷，剩余 42% 的借款人及其家庭也有望在 10 年内脱离贫困。孟加拉的贫穷女性成为最大的受益人，因为传统的银行通常拒绝向没有经济保障的穷人发放小额贷款。此外，"乡村银行"每年还为 2.8 万贫困学生提供奖学金，已经有 1.2 万学生在其发放的教育贷款的帮助下完成了高等教育的学业。

30 年过去了，特别值得一提的是，"乡村银行"的小额贷款业务的利润相当不错，而且资产质量也相当好。如今每年发放贷款的规模超过 8 亿美元，平均每笔贷款 130 美元，还贷率达到 99%。"乡村银行"的小额贷款业务，成为了兼顾公益与效率的杰出典范。

"乡村银行"的经验在中国和世界各地得到推广。目前，"乡村银行"已在中国开展了 16 个项目，向 5.35 万人提供了共 163 万美元的贷款，折合人民币 1304 万元。

现年 66 岁的"穷人银行家"穆罕默德·尤努斯，在得知获奖的消息后对采访的媒体表示："这对我们、对'乡村银行'、对所有贫困的国家和世界上所有的穷人，都是最好的消息，但也让我们背上了更多的责任。孟加拉必须消除国内贫困并为在世界范围内根除贫困付出更多努力。全世界抗击贫困的战斗将会进一步升级，在世界大部分国家，这场战斗都将通过小额贷款的方式进行。"

穆罕默德·尤努斯兴奋地表示："今年 12 月 10 日，将在挪威首都奥斯陆举行盛大的诺贝尔和平奖的颁奖典礼。到那时，我一定会去为穷人领奖。我们将把诺贝尔和平奖的所有奖金都用于帮助穷人的事业，一部分会投资一个生产低成本、高营养食品的工厂，余下的则会用于建设给穷人治病的眼科医院。"

第六章　砥砺品格——让心儿向着梦想高飞

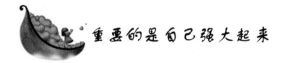

重要的是自己强大起来

一位搏击高手参加锦标赛，自以为稳操胜券，一定可以夺得冠军。

出乎意料之外，在最后的决赛中，他遇到一个实力相当的对手，双方竭尽全力出招攻击，当打到了中途，搏击高手意识到自己竟然找不到对方招式中的破绽，而对方的攻击却往往能够突破自己防守中的漏洞。

比赛的结果可想而知，搏击高手惨败在对方手下，也失去了冠军的奖杯。

他愤愤不平地找到自己的师父，一招一式地将对方和他搏击的过程再次演练给师父看，并请求师父帮他找出对方招式中的破绽。他决心根据这些破绽，苦练出足以攻克对方的新招，决心在下次比赛时打倒对方，夺回冠军的奖杯。

师父笑而不语，在地上画了一道线，要他在不能擦掉这道线的情况下，设法让这条线变短。

搏击高手百思不得其解，怎么会有像师父所说的办法，能使地上的线变短呢？最后，他无可奈何地放弃了思考，转向师父请教。

师父在原先那道线的旁边，又画了一道更长的线。两者相比较，原先的那道线，看来变得短了许多。

师父开口道："夺得冠军的重点，不在如何攻击对方的弱点。正如地上的长短线一样，只要你自己变得更强，对方就如原先的那道线一般，也就在相比较之下变得较短了。如何使自己更强，才是你需要苦练的根本。"

在夺取成功的道路上，在夺取冠军的道路上，有无数的坎坷与障碍，需要我们去跨越、去征服。人们通常走的有两条路：

一条夺冠之路是侧重攻击对手的薄弱环节。不少的人都喜欢直接找出最速成的方法，正如故事中的那位搏击高手，欲找出对方的破绽，给予致命的一击，用最直接、最锐利的技术或技巧来快速解决问题。

另一条夺冠之路是侧重全面增强自身实力。就是故事中那位师父所提供的方法，更注重在人格上、知识上、智慧上、实力上使自己加倍地成长，变得更加成熟，变得更加强大，使许多以往令人头痛的问题不药而愈，迎刃而解。

其实，这两条夺冠之路并不是完全排斥的，而是相辅相成的。巧妙地攻击对手的薄弱环节是极其必要和重要的。记得一位伟大的军事家说过："用一句话来概括指挥战争的艺术，就是集中优势兵力来打击敌人的薄弱环节。但是，全面地增强自身实力，则是攻击对手的薄弱环节的基础。"在人们普遍看重攻击对手的薄弱环节的情况下，听一听那位师父全面地增强自身实力的妙论，还是很有启发的。

可以说，全面地增强自身实力，是解决疑难问题的最稳妥的方法，是迈进成功之门的最可靠的途径，是胜在战前的夺冠之本。

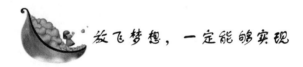

放飞梦想，一定能够实现

从小树立目标，放飞梦想，你就会发现原来生命是如此多彩和美好。

在美国宇航中心的大门上，刻着一句人类探索宇宙的豪言壮语："只要人类能够梦想的，就是人类一定能够实现的。"

看到这句话，不禁想到了登月第一人的一件往事：

那是一天的傍晚，用过晚餐以后，妈妈在厨房忙着清洗水池里堆满的碗筷。

孩子在客厅里的沙发上跳来跳去，从一个沙发跳到另一个沙发，跳得满头大汗。

妈妈洗完了碗筷，走过来吃惊地问："宝贝，你这是在做什么？"

孩子用手擦了擦头上的汗，自豪地回答："我已经跳到月球上了，正在太空中行走。"

妈妈偏着头笑了一笑："宝贝，那你可别玩忘了，到时候要早点从月球上回家来睡觉啊！"

也许有人会说，这个妈妈也真够天真的，怎么跟孩子一起白日做梦？

不过，这个小孩从小到大，一直对太空科学保持着浓厚的兴趣。由于坚持不懈的努力和家里的支持，他成为第一位登上月球的人，他就是世人皆知的阿姆斯特朗。

孩子年纪虽小，心志却是广大的。珍惜孩子的梦想，有助于孩子梦想的实现。放飞孩子的梦想，让生命为梦想而燃烧。这个世界会因人类梦想的飞翔，而变得更加多彩和美好。

1923 年，沃尔特·迪斯尼已经是一个技法娴熟的画家了。他为了实现自己制造一流卡通片的梦想，在加利福尼亚成立了以自己名字命名的公司。他坚信自己一定能生产出既吸引儿童，又吸引成年人的一流卡通片。

天道酬勤，旗开得胜。1928 年，迪斯尼获得了巨大成功，卡通片米老鼠大受欢迎了。到了 20 世纪 30 年代，这个可爱而顽皮的米老鼠已经吸引了世界各地的观众。到了 1937 年，好莱坞也对他刮目相看，因为他制作的《白雪公主和七个小矮人》上映后赚得 800 万美元，并获得了奥斯卡奖。

接下来，迪斯尼开始制作卡通片《匹诺曹》。画家们付出了 6 个月汗水，迪斯尼仍不满意地说："我知道已经绘制了一半，但希望大家都能够停下来。我们的《匹诺曹》看起来太僵化了，这样不行。"

大家同意他的见解，同时也担心地说："可我们已经花掉了 50 万美元！"

当时迪斯尼公司已经赢得了全世界的喝彩，如果考虑已经付出的 50 万美元和已失去的时间、人力、精力等，也还能勉强过得去，但这不符合迪斯尼追求完美的理念。他说："我们必须不惜代价坚持追求完美的原则，绝不能因为眼前的利益，而败坏了长远的信誉。"

结果制作《匹诺曹》共花掉了 300 万美元，比任何其他卡通片花的钱都多。1942 年 2 月，当放映《匹诺曹》时，《纽约时报》把它称为迄今为止最好的卡通片，创造了一种由故事、声音和色彩三者完美结合全新的艺术，把卡通片推到了一个崭新的发展阶段。

按照追求完美的理念，迪斯尼始终坚持"寓知识于娱乐之中"的经营战略，拒绝犯罪和色情镜头，不折不扣地保证质量，尽心尽力地精益求精，受到了世人的普遍欢迎。其作品中聪明活泼的"米老鼠"、满腹怨言而喋喋不休的"唐老鸭"、大智若愚的"三只小猪"，以及帮助白雪公主的七个小矮人，使广大观众特别是青少年，从欢笑与愉悦中得到了知识、智慧与启迪。1994 年，迪斯尼制片公司发行的动画片《狮子王》再次引起世界轰动，在全球 20 部最卖座影片排行榜上位居第 4 名。

迪斯尼提出过这样一个观点："如果你能想到，你就能做到。"后来，管理界将这句话称之为迪斯尼定律。迪斯尼确立了一流的理念，实现了一流的梦想，也收获了一流的回报。

1964 年 9 月 14 日，美国总统约翰逊在白宫授予迪斯尼"自由勋章"，并称赞他在娱乐方面"创造出了一个美国民间的奇迹"。

1988 年，三家世界范围的独立调查公司联手进行了一项全球调查，得出"世界影响最大的十大品牌"，"迪斯尼"名列第 5 位。

1995 年 12 月，西班牙《趣味》杂志上发表的"改变本世纪经济生活的 25 位关键人物"中，迪斯尼列在福特之前而居企业家之首，并说："他差一点荣获诺贝尔和平奖，他以其天才创作而获奖 900 多项，其中 30 项是奥斯卡奖。"

1996 年，《幸福周刊》调查评选的"美国评价最好的公司"中，迪斯尼公司排名第 13 位，还被评为"最好的娱乐公司"。

1998 年 10 月 26 日，美国《财富》杂志发布的世界明星企业排行榜中，迪斯尼公司仅次于通用电气、可口可乐、微软而排名第 4。

据英国《金融时报》报道：国际品牌咨询公司评估出的世界知名品牌价值排行榜，"迪斯尼"以 322.75 亿美元列第 6 位。

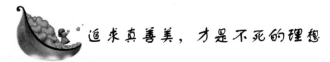追求真善美，才是不死的理想

贪图安逸和享乐只是懒惰的理想，而对善、美和真的不懈追求，才是不死的理想。

1955 年 4 月 13 日，在家里工作的爱因斯坦感到右腹阵阵剧痛，同时还出现了别的不祥之兆。医生们迅速赶到，会诊结果是主动脉瘤，并建议他立刻动手术。

爱因斯坦婉言谢绝了。在 1945 年和 1948 年，他接连做了两次手术之后，已经发现主动脉上有一个瘤。他有预感，这个致命的定时炸弹即将爆炸了，自己也应该走了。

第二天，心脏外科专家格兰医生从纽约赶来。尽管他知道爱因斯坦很虚弱，开刀会有危险，但还是建议开刀，因为这是唯一的抢救方法，别无选择。

爱因斯坦苍老的脸上浮现出疲倦的微笑，摇摇头说："不用了。"

格兰医生又一次警告他："那个主动脉瘤随时都可能破裂。"

爱因斯坦镇静地说："那就让它破裂吧！"

4 月 16 日，爱因斯坦病情恶化，住进了普林斯顿那家小小的医院。一到医院，他就让人把他的老花眼镜、钢笔、一封没写完的信和一篇没有做完的计算题送过来。他在病床上欠了欠身子，戴上老花镜，从床头柜上艰难地抓起了笔。还没开始工作，他就倒了下去。宽大的布满皱纹的额头上冒出一片汗珠，那支用了几十年的钢笔从手里滑落到地上，他实是没有一点力气了。

4 月 17 日，星期五，爱因斯坦的感觉似乎稍微好一些。儿子汉斯坐飞机从加利福尼亚赶来看父亲，女儿玛戈尔因病与父亲住在同一个医院，坐着轮椅也来看父亲，还有许多朋友、同事都来看望他。他平静地对儿女、朋友和同事说："这里的事情，我已经做完了。没什么，别难过，人总有一天要死的。"

1955 年 4 月 18 日 1 时 25 分，爱因斯坦因腹腔主动脉溢血而与

世长辞。

巨星陨落了！电讯传遍地球每一个角落："当代最伟大的物理学家爱因斯坦逝世，终年76岁。"

全球为之悲痛，到处都是悼词和颂词："世界失去了最伟大的科学家。""人类失去了最伟大的儿子。""爱因斯坦开创了物理学的新纪元。""爱因斯坦改变了人类对世界和宇宙的认识。"

唁电和唁函从世界的各个角落飞往普林斯顿，有的来自国家元首和政府首脑，有的来自著名的科学家，有的来自学术团体，有的来自普通的男男女女。人们怀念他，因为他改变了人类对宇宙的认识，开拓出科学造福于人类的无限广阔的前景。人们怀念他，因为他为人类的和平与进步，进行了不屈不挠的斗争。

各种媒体重新刊登了法国物理学家朗之万在1931年对爱因斯坦作出的评价："在我们这一时代的物理学史中，爱因斯坦将位于最前列。他现在是，将来也仍然是人类宇宙中有头等光辉的一颗巨星。很难说，他究竟是同牛顿一样伟大，还是比牛顿更伟大。不过，可以肯定地说，他的伟大是可以同牛顿相比拟的。按照我的见解，他也许比牛顿更伟大，因为他对于科学的贡献更加深刻地进入了人类思想基本概念的结构中。"

爱因斯坦在遗嘱中说："我死后，除护送遗体去火葬场的少数几位最亲近的朋友之外，一概不要打扰。不要墓地，不立碑，不举行宗教仪式，也不举行任何官方仪式。骨灰撒在空中，和宇宙、和人类融为一体。切切不可把我居住的梅塞街112号变成人们"朝圣"的纪念馆。我在高等研究院里的办公室，要让给别人使用。除了我的科学理想和社会理想不死之外，我的一切都将随我一起死去。"

那么究竟什么是爱因斯坦不死的理想呢？

爱因斯坦在《我的世界观》一文中作出了这样的明确阐述："每个人都有一定的理想，这种理想决定着他的努力和判断的方向。在这个意义上，我从来不把安逸和享乐看作是生活目的本身——这种伦理基础，我叫它猪栏的理想。一照亮我的道路，并且不断地给我新的勇气去愉快地正视生活的理想，是善、美和真。"

第六章　砥砺品格——让心儿向着梦想高飞

127

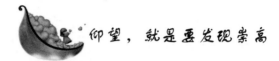

仰望，就是要发现崇高

人生在世，不能总是低头觅食，那样会变得像动物一般。人，总要仰望点什么，向着高远，支撑起生命和灵魂。

仰望，就是要发现崇高。从某种意义上说，它是一种精神昂扬的生存姿态，它生命自由奔放、激情四射，就像鲜花绽放、泉水喷涌。仰望，能使他们的内心变得丰富、敏锐，由此获得感动，从而与崇高永远契合。

一位俄罗斯老画家在林间漫步，"他仰望头上一轮满月从树梢后慢慢露出，突然体会到一种无与伦比的饱满和圆润，一种难以言表的壮丽和博大，他感动得哭了起来。他看到大自然最完美的艺术！那皎洁的月光仿佛上天深情的注视，仿佛天国的雪花披在他的肩头。"

仰望，就是在追寻崇高。也许很多人抵达不了崇高，但每个人都可以仰望崇高，并在崇高引领下在人世中行走，把立在大地上的血肉之躯与高高在上的精神结合起来，感悟到崇高，支撑起富于意义与价值的生命世界。仰望，就是夜中的灵魂追寻，它使人重返失落的精神家园。

在深夜里爬上泰山极顶，守望东海日出，山涧、鸟鸣、夜露，掩不住心中渴望的激动。黎明的曙光点燃了朝霞，苏醒的泰山发出铮铮的响声，从青灰色的雾霭中逐渐显示出它坚定的轮廓。一轮朝阳从海上喷薄而出，透过那浓密的树梢，遥望远方的木船已挂起了白白的帆——那迎风摇曳的希望之帆，正颤动于朝阳之中。

仰望诺日朗大瀑布。瀑布从一片绿色的灌木丛中流出来，突然跌入深谷，形成一缕缕雪白的水帘，千姿百态地垂挂在宽阔的绝壁上，深谷中则飞扬起一片水雾。然而走近它，抬头仰望大瀑布，才真正领略到那惊心动魄的气势。云雾迷蒙的天上，仿佛裂开一道巨大豁口，天水从豁口中奔泻而下，浩浩荡荡、一落千丈，在山谷中

128

有梦想就有动力

激起飞扬的水花和震耳欲聋的回声。站在大瀑布前，感觉自己只是漫天飘洒的水雾中的一滴水珠。仰望大瀑布，人类那一点可怜的悲哀，又有何资格抱怨呢？要确信天地之外，一定还有一个更高的存在！

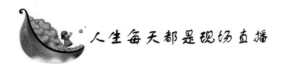

人生每天都是现场直播

人生是现实的，是发生了之后会产生后果的过程。人生的每一次选择，每一次把握都是未来的生活铺垫，没有谁能掌控我们的未来，能掌控未来的正是我们当下所做的事、当下所付出的努力。

"真的，生命没有彩排，每一天都是现场直播。"这是少年作家吴子尤的母亲柳红女士在儿子去世后的一档栏目中所说的最后一句话。

的确，人生每天都是现场直播，没有排练的机会，也没有谁能一直站在原地等着我们。珍惜现在一切的拥有，走好眼下的每一步，勇敢并谨慎于每一个开始。及时抓住能把握住的美好，生活才会无怨无悔。

吴子尤，一位才华横溢的少年作家，与李敖是忘年之交。然而却在小小年纪横遭厄运，但直到生命的最后时刻，他依然如前，一直笑对人生。

2004 年，吴子尤因为胸腔纵膈肿瘤压迫神经住院治疗，手术后不幸失去了造血功能。从此，14 岁的子尤开始了一场与病魔的持久战。经历了一次大手术、两次胸穿、三次骨穿、四次化疗、五次转院、六次病危，却以超乎常人的乐观度过着自己的花样年华。2005年 9 月，一本记录他八岁到十五岁成长过程的作品集《谁的青春有我狂》出版。

"青春是属于我的，标记着我激情的一月一年。人说青春是红波浪，那就翻滚着绘出最美的一线。眼前只有柄孤独的桨，握在手中就是把战斗的剑。我在这里写着刚有开头的小说，每过完一天就翻

第六章 砥砺品格——让心儿向着梦想高飞

过一页，每翻过一页，又是新的一天。为什么我依然热爱考验？因为别人让天空主宰自己的颜色，我用自己的颜色画天。"终究，写下上面这首如歌诗句的作者，于 2006 年 10 月 22 日去世。

事隔许久，子尤的母亲柳红女士在一档电视栏目《生命的礼赞》中被邀为嘉宾。其间，朗诵了《珍惜生命》这篇文章。

"那是 2005 年 8 月的最后一天，在北京大学百年讲堂的开学典礼上，子尤从轮椅上起身，向他所在的中学校友讲了一番话。结尾时，他用力而深情地说：'要珍惜呀。'我知道他说的是珍惜生命的意思。那时候我们在生死线上，可是他依然有他的追求和向往；兴致勃勃地走在他自己的道路上。他对我说，我每一秒钟都和上一秒钟不一样；他总结自己的生活是一路快乐美好。他说，是舒服，是享受；他还说，我活得欣喜若狂。

"我和子尤经历疾病和死亡的日子是一个理解和实践珍惜生命的过程，我们懂得了珍惜生命就要珍惜生命的价值，尽其所能做有意义的事情。有意义的事儿，可大可小，可多可少。做，一定比不做好；多做，一定比少做好；今天做，一定比明天做好；持久地做，一定比半途而废好。

"我们通常认为，人生如台历，撕去旧页，新页展开；每天如彩排，今天过去，还有明天；一遍不满意，可以再来。其实昨天已成为过去，明天尚且未知；当下稍纵即逝，不复重来。如果把每一天都当作生命的末日来过，我们会更加珍惜更有意义的人生。

"而什么是有意义的人生呢？这真是需要我们沉下心来好好想一想的问题。人们常常忽视自己的内心、身体、亲人和孩子的想法。不注意春夏秋冬花开草长，不注意音乐旋律的升降变化。特殊的人生际遇使我有机会接触了很多癌症患者，每一位走近生命尽头的人，都想再看一次星星，再凝视一次海洋。而多少住在海边附近的人，他们却懒得看一眼。每天晚上有多少人会仰望星空？谁又真正用心去品尝，触摸生命，去感受平凡事物中的不平凡？

"以前我也浑然无知、不假思索，直到变故降临，彻底改变了我的生活，才开始思索。我从中学到了很多很多，我学会了享受过程，而不是结果。我愿意告诉人们，看看田野里的百合花，摸摸婴儿耳朵上的绒毛，在庭院的阳光下阅读，与朋友分享你的喜怒哀乐。真的，人生没有彩排，每一天都是现场直播。"

的确，人生每天都是现场直播，没有排练的机会，也没有谁能一直站在原地等着我们。就如作家林清玄的散文中所讲："生命最有趣的部分，正是它没有剧本，没有彩排，不能重来。"人生而偶然，死亦必然。我们登上生命的舞台，与自己的肉体相逢于人间，这便是一种缘分。没有那么多的"如果"，这一次过去了，下一次也就不一定会有。就像世界著名艺术家们每一次上台都如履薄冰，努力练习，务求在观众面前呈现的是最完美的一面。那是因为他们深知，每一场演出都是全新的一次，也是关键甚至是唯一的一次。

如此，我们便要有抓住这一次的决心，以及无怨无悔的气魄。既然人生没有剧本，也不许彩排，那么我们就更要及时抓住当下所能把握住的美好，谨慎前行，不踏歧路，珍惜我们每一个开始，迈好脚下的每一步路。

第六章　砥砺品格——让心儿向着梦想高飞

131

第七章　执著信念——用梦想启动未来

　　我们应该把握住现有的光阴，好好地为自己的梦想努力，而不要让自己的梦想成为幻想。

执著努力，别让梦想打水漂

"人生没有返程车票，一旦出发了，绝不能返回。"罗曼·罗兰认为，人生只有一次，我们所有人都应该好好珍惜。我们应该把握住现有的光阴，好好地为自己的梦想努力，而不要让自己的梦想成为幻想。

有梦想，并且坚持下去，才能成就伟大的事业。人类所具有的种种力量之中，最神奇的莫过于梦想的力量。李安的成功就源自于他对梦想的笃定和对电影的执著。

1978 年，当李安准备报考美国伊利诺伊大学的戏剧电影系时，父亲坚决反对。他告诉李安，在美国百老汇，每年只有 200 个角色，竞争者却超过 5 万人。但是，李安仍执意登上了去美国的班机。

1983 年顺利拿到硕士文凭后，李安花了一年的时间制作自己的毕业作品。作品出来时，除了得到当年最佳作品奖的荣誉外，也吸引了经纪人公司的注意，有一家经纪人公司不仅与他签约，还表示要将李安推荐到好莱坞。

进入好莱坞电影城发展几乎是每个电影人的梦想，李安也不例外。与经纪人公司签约后，李安原以为离梦想已经越来越近了，但事情并不如想象的那么美好。原来所谓的经纪人并不是帮他介绍工作，而是在他有了作品后，再代表他把这部作品推销出去。

此时，李安终于明白了父亲的一番苦心。墙上的日历就像李安笔下的稿纸一样，撕了一张又一张。大多数的时间，李安都是在打杂和等待中度过。最痛苦的经历是他曾经拿着一个剧本，在两个星期内跑了三十多家公司，一次次面对别人的白眼和拒绝。这时李安才明白，在美国电影界，一个没有任何背景的华人要想混出名堂来，真的很不容易。

整整 6 年李安都处于无业状态，家里所有的开销仅靠妻子微薄的收入来维持。那时候他们已经有了大儿子李涵。为了缓解内心的愧疚，李安每天除了在家里读书、看电影、写剧本，还包揽了所有家务，负责买菜、做饭、带孩子，将家里收拾得干干净净。那段时间，李安俨然是一个"家庭妇男"。

继续等待还是放弃，李安在苦苦挣扎着。

认真思索之后，李安决定放弃心中的那个电影梦。为了养家糊口，李安去社区大学报了一门电脑课，因为电脑可以让李安在最短时间内有一技之长。但随后的几天里，李安一直都萎靡不振。

妻子很快就发现了李安的反常，细心的她发现了李安包里的课程表，那晚，她一宿没和李安说话。第二天早晨，李安像往常一样将妻子送到了楼下，在离开之前，妻子一字一句地告诉李安："安，要记得你心里的梦想。"那一刻，李安心里突然像是起了一阵风，那些快要湮没在庸碌生活里的梦想，像早晨的阳光一直照进心底。妻子上车走了，李安拿出包里的课程表，慢慢地撕成碎片，丢进了门口的垃圾桶。就这样，李安又走上了追梦的路。

1990 年，李安完成了剧本《推手》，获得了中国台湾优秀剧作奖。这个剧本不仅为李安赢得了 40 万元奖金，而且使他获得了第一次独立执导影片的机会。电影《推手》一推出，立即受到了来自各界的瞩目与好评，李安 6 年的蛰伏终于得到了肯定。

后来，李安的电影开始陆续在国际上获奖。这个时候，妻子重提旧事，她对李安说："我一直就相信，人只要有一项长处就足够了，你的长处就是拍电影。你要想拿到奥斯卡的小金人，就一定要保证心里有梦想。"

2006 年，李安凭借《断背山》，力压多名美国大牌导演，荣获第 78 届奥斯卡最佳导演奖。如今，李安已经拿到了不止一个奥斯卡小金人，而他之所以能获得如此多的成就，是因为心里始终有一个关于电影的梦。

不管梦想有多遥远，我们都要坚持走下去，因为梦想是我们生命中的灯塔，指引着我们走向更远更美的地方。只要心里那个坚定的梦还在，一切就仍有可能。

第七章 执著信念——用梦想启动未来

135

执著自信，相信自己能梦想成真

在安徒生很小的时候他的父亲就去世了，留下他和母亲相依为命。

有一天，他和一群小孩儿获邀到皇宫里去晋见王子，请求赏赐。他满怀希望地唱歌、朗诵剧本，希望他的表现能获得王子的赞赏。

等到表演完后，王子和蔼地问他："你有什么需要我帮助的吗？"

安徒生自信地说："我想写剧本，并在皇家剧院演出。"

王子把眼前这个有着小丑般大鼻子和一双忧郁眼神的笨拙男孩从头到脚看了一遍，对他说："背诵剧本是一回事，写剧本则是另外一回事，我劝你还是去学一项有用的手艺吧！"

但是，安徒生相信自己的能力，相信自己一定能够成就自己所说的话。他回家后，不但没有去学糊口的手艺，而且还打破了他的存钱罐，向妈妈道别，到哥本哈根去追寻他的梦想了。他在哥本哈根流浪，敲过所有哥本哈根贵族家的门，虽然他屡次被拒绝，但是，他从未想到过退却。他一直坚持写史诗、爱情小说，尽管未能引起人们的注意，他也伤心过，但他告诉自己相信自己能够成功，即使有再多的困难，仍旧要坚持写下去！他做到了。

1825 年，安徒生随意写的几篇童话故事，出乎意料地引来了儿童的争相阅读，许多读者还渴望他的新作品能够发表，这一年，他30 岁。

直至今天，《皇帝的新装》《丑小鸭》等许多安徒生所写的童话故事还在陪伴着世界各国的儿童健康地成长。

曾经我们也有过自己的梦想，但当遇到许多的否定与怀疑时，我们不再相信自己的能力，所以一场仗还没开始打，我们就放弃了。如果我们能够像安徒生一样多一点自信与执著，相信自己能梦想成真，我们才有成功的可能，别人也才会相信你，并给予肯定与鼓励。

有一次，法国著名画家纪雷参加一个宴会。在宴会上，一个身

材矮小的人来到他面前，向他深深地一鞠躬，请求道："我很喜欢画画，请你收我为徒吧！"

纪雷看了看他，发现他是一个缺了两只手臂的残废人，觉得他有些自不量力，于是就婉转地拒绝他说："我想你恐怕不太方便画画吧？"

那个人听了纪雷的话，并不在意，立即回答道："不，我虽然没有手，但是还有两只脚，只要我相信我能行，我就一定行。"

纪雷此时有些为这个人的自信而折服，但他还是有些不相信，觉得此人有些过于自信。那个人似乎看出了纪雷的疑虑，于是就请人拿来纸和笔，坐在地上，用脚趾头夹着笔画了起来。大家都屏住呼吸，看他一点一点地画。当大家看到他那出神入化的一笔时，都不禁为他的精神所感动。纪雷见此，非常高兴，认为他是一个难得的人才，便立即收他为徒弟。

这个没有双臂的矮个子自从拜纪雷为师后，在纪雷的指导下，排除万难，更加努力学习。每当他觉得累时，就告诉自己："我一定行！"功夫不负有心人，他通过坚持不懈的努力，终于名扬天下，成为一个著名的画家。他就是著名的无臂画家杜兹纳。

无臂画家杜兹纳之所以能取得成功，是因为他坚信自己一定行，尽管众人对他的能力质疑，但他的自信使著名画家纪雷及在场的人都深深地折服，纪雷最终收他为徒。在纪雷的指导下，他最终排除万难成为一个著名的画家。在困难面前，杜兹纳正是因为有相信自己一定行的坚定信念，最终才取得了成功。

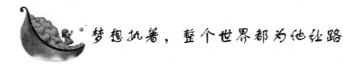

梦想执着，整个世界都为他让路

当一个人明白他想要什么并且坚持自己的梦想时，那么整个世界都将为他让路。我们在追逐梦想前进的过程中，体味生命中的甘甜，从不可能中达到了可能的进步。要想享受快乐人生，就要经受得住生活对你的考验。坚持自己的梦想，幸福就是生活对你的奖赏。

有一只乌龟，很是羡慕那些成天在天空中飞来飞去的鸟儿。它想要是自己也能在天空遨游，那该是多么的美好。

某天，一只到水边觅食的白鹭知道了乌龟的心事，对它说："伙计，想上天还不容易吗，我带你去吧。"

"你能行吗?"乌龟问。

"当然行。"白鹭肯定地回答道。

白鹭找来一截小木棍，对乌龟说："你趴在木棍上，我衔着木棍就能把你带上天。"乌龟同意了。

白鹭一展翅膀，果真把乌龟带上了天空。就在乌龟欣赏着身边的片片白云时，白鹭见一只同类也在天空飞行，便准备向它打个招呼。可白鹭一张嘴，它衔着的那截木棍便掉了下来，乌龟也被重重地摔到了地上。

白鹭见自己闯了祸，连忙一拍翅膀，飞向了远方。

乌龟挣扎着从地上爬了起来，可它的一条腿已被摔断了，就连身上那件结实的马甲，也被摔出许多裂纹来。面对这场突如其来的灾难，乌龟丝毫也没想到去抱怨白鹭。它想即便是拖着一条断腿，也要好好地生活下去，并且决心寻找新的机会，重上蓝天。

接下来的日子里，乌龟拖着一条断腿，一边寻找各种草药来治疗腿伤，一边寻找适用于飞行的材料，想把它做成翅膀，装在自己身上，然后借助风势飞上蓝天。

但无情的命运总是捉弄着这只想飞的乌龟，它虽然治好了腿伤，可用来做翅膀的材料还没有着落。自己实验了上百次，但每次都以失败告终。

这时，其他乌龟就嘲笑它道："喂，老哥，你别异想天开了，你要能找到会飞的材料，我就能长出翅膀了。"乌龟面对巨大的压力，没有丝毫的气馁，它把内心的痛苦化为一种向上的动力，它不再理会同类的嘲笑，而是夜以继日地加紧实验。乌龟在经历了1500余次的失败后，最终找到了适合飞行的材料。

原来，这天乌龟在寻找材料的时候，正好遇上人类的某个庆祝活动，人们把手中的一个个气球抛向了空中，气球便随着风慢慢地飘向了天际。乌龟看到后深受启发，它捡了一些人类丢下的气球，吹满气后，把它们系在一根结实的细绳上，然后在绳子的底端，再系上一个小竹筐。乌龟则坐进了小竹筐里。

山坡上，一阵风儿吹过，充满了气的气球带着小竹筐，在其他乌龟惊讶的目光中，缓缓地飞上了蓝天。

做着飞天梦的乌龟不畏困难，将生命中的那份执著作为一股不可遏制的力量，最终实现了梦想。

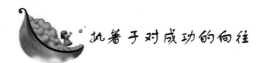

执著于对成功的向往

成功不会从天而降，而是要经历一番磨难之后才能获得。执著于对成功的向往，也执著于对困难的拒绝。向往成功的人，不会被眼前小小的困难吓倒，更不会接受一次又一次的拒绝。因为他们内心只有一个目标，那就是成功。

有这样一个流传了很久的故事：

两个年轻人决定结伴而行，去南山上采灵芝，他们一个叫王五，另一个叫李四。当他们走到南山脚下时，却发现通往南山的唯一道路被一个巨大的栅栏挡着，栅栏上开了一扇小门，但门上挂着一把锁。很显然，是有人特意锁上了这道门的。

李四见门上的锁锈迹斑斑，便说：

"这守门人看来已离开很久了，没有钥匙，开不了门，我们还是回去吧。"

"我想再等等，再另外想想办法。"王五说。

"等也没有什么用，我就先回去了。"说完，李四挎着空篮子，转身独自回家了。

王五等了好几天，仍不见看门人来开门，便用力地捶打着小门，并同时大声地喊道："有人吗？请给我开一下门吧。"可是依然没有动静。

王五没有丝毫气馁，他继续捶打着小门，并不时叫喊着。当手掌拍打出了血，嗓子喊哑了时，他就用脚蹬。一下又一下……

终于，守门人来了。

"请问，你为什么要锁住这门呢?"王五不解地问。

"孩子，这个你就不懂了。灵芝非一般之物，岂能轻易让人们采到手? 如不经过一番磨难，那岂不是所有人都能得到这稀世之宝? 虽然很多人都想得到它，可大多数人都像你的同伴一样，被这道小小的门吓住了，从而望而却步，失去了采摘的机会。"

"你知道李四回家了?"

"当然，我就站在不远处。这几天我也一直在观察你，是你的执著感动了我，不然，这道门也不会为你打开的。"守门老人说完，为王五打开了紧锁的门。

 下定决心把梦想进行到底

梦想，总是那么遥不可及，在设定梦想的同时，我们也设定了实现梦想的难度。如果舍弃梦想也那么难，倒不如去实实在在地实现它。将所有的困难、所有的不可能忘记，只向着梦想去努力，下定决心把梦想进行到底，梦想就一定会实现。

约翰是一名德高望重的大学老师，由于健康原因，他就要离开自己心爱的校园了。在离开之前，他决定给学生们上一堂重要的人生课。

那天，约翰精神矍铄地出现在教室里。他给每位同学都发了一张漂亮的信纸，让大家将自己最想做但又认为最不可能做到的事情写在信纸上。

海伦写道："我想像鱼儿那样在水里自由自在地游来游去，可我望见水池就心惊肉跳，头晕恶心，实在糟透了，恐怕一生都不可能游泳了。"

麦克写道："我最想成为一名出色的律师，但我很害羞，说话又结结巴巴的，恐怕永远不可能做到了。"

凯特写道："我最想做一名演员，但我相貌平平，缺乏幽默感。

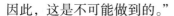
因此，这是不可能做到的。"

学生们纷纷写下了自己最想做、但又认为最不可能做到的事情。

约翰先生也在自己的信纸上写道："我想 10 年后再回到学校，给我心爱的学生们上课，可医生告诉我，我只有三到五年的寿命了……"

写完后，约翰先生对大家说："现在我们来举行一个葬礼，将自己最想做但又认为最不可能做到的事情埋掉，从此不再想它，以免自寻烦恼。"

大家忧伤地看着约翰先生，脸上写满了不舍。也难怪，这是大家多年的心愿啊！尽管难以实现，但一旦要让自己彻底放弃，心中还真是难以割合。

沉默了几分钟后，约翰先生语重心长地对大家说："徘徊犹豫只会浪费生命，如果你们难以割舍心中的梦想，那就将它进行到底吧！从现在起，将所有的不可能埋掉，一心只想实现梦想的方法和途径，我们 10 年后再见！"说完，约翰先生头也不回地走出了教室。

约翰先生离开了，但他的话却深深地印在了学生们的心里。

转眼 10 年过去了，约翰先生竟然奇迹般地活着，而海伦、麦克等人的梦想也已经实现。

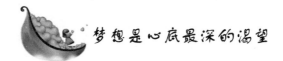

梦想是心底最深的渴望

"梦想无论怎样模糊，总潜伏在我们心底，使我们的心境永远得不到宁静，直到这些梦想成为事实为止。梦想像种子在地下一样，一定要萌芽滋长，伸出地面来，寻找阳光。"林语堂如是说。

梦想是潜藏在我们心底最深的渴望，只要有梦想，我们就会为此而努力，我们的世界便会与众不同。

今天，在世界的各个角落，无论是清晨还是傍晚，总有数以千万计的男人们脸上涂着肥皂泡、对着镜子，用一种叫做"吉列"的刀片刮着胡子。世人对于美国"刀片巨人"吉列公司也许并不陌生，然而很少有人知道，这样一个让男人的日常生活变得轻松、惬意的发明是源于吉列公司的创始人吉列的一个梦想。

童年时的吉列由于家境贫穷，读书不多，十几岁便开始学做生意，后来当了推销员，也过上了衣食无忧的生活。然而吉列并不满足于过这样的生活，总想轰轰烈烈地干一番大事业。周围的人都嘲笑他想过上等人的生活想疯了。

1891年，吉列遇到锯齿瓶塞的发明人彭特尔。彭特尔建议他集中精力去开发顾客必须反复购买、用完就扔的产品，他认为这是一条成功的捷径。这一观点激起了吉列强烈的兴趣和好奇心。从那时起，每到晚上，吉列总要煮上一壶咖啡，一个人坐在沙发上，一边品尝着咖啡的美味，一边不断思索着如何开发顾客必须反复购买、用完就扔的产品……

1895年夏天的一个早晨，吉列正在一家旅馆的房间里剃胡子。当他拿起剃须刀时，却发现刀口已不锋利。外出推销是不可能带着笨重的磨刀石的，无奈，他只得忍着痛一点点地刮着胡子。好不容易刮好了，脸上却留下了几道伤疤。难道世界上就没有比这更好的剃须刀吗？想着想着，吉列突然眼前一亮：啊！这不正是"用完就扔掉"的东西吗？

回到家，吉列立即辞去了推销员的工作，专心研究、设计一种安全、锋利的剃须刀。

没有了收入，吉列原本就不富裕的生活更是捉襟见肘。有时在街上遇到熟人或朋友，大家都纷纷躲着他走，生怕这个穷光蛋会给自己带来麻烦。好在吉列的妻子很理解他，她用自己做零工的钱支撑着他们那个风雨飘摇的家。

一天，正在做试验的吉列突然眼前发黑，倒在了地上，妻子赶紧把他扶到了屋外的长椅上休息。当吉列从昏迷中醒来时，突然被眼前的一幕情景深深地吸引了：离他不远处的田野里，一个农民操着一把耙子，把地修整得又细又平，这是什么道理？是不是与那很密的耙齿有关？刹那间，吉列豁然开朗，心想我为什么不能把安全剃须刀设计成耙子一样呢？

一时间，吉列忘记了自己虚弱的身体，马上信心十足地跑回实

有梦想就有动力

验室，着手研究制造薄钢刀片，并用一个像把子那样的"T"形架子把刀片夹起来。

然而，当他兴致勃勃地把自己的新产品摆在朋友们面前时，却得到了一通嘲笑，可他并没有放弃。1901年，吉列的好友将吉列刮胡刀的设想告诉了麻省理工学院毕业的机械工程师尼克逊，尼克逊很赞同研究吉列的设想。后来，尼克逊成为吉列的合伙人。尼克逊在吉列原有设想的基础上加以改造，于是，安全方便的吉列剃须刀终于诞生了。

"人才从事工作，天才从事创造。"吉列十年如一日默默无闻地潜心研究刮胡刀，使自己从一个小人物一跃成为了改变数亿普通人生活质量的天才。今天，当吉列刀片走进千家万户，成为成年男人必备的生活用品时，又有谁还会嘲笑当初那个荒唐的梦想呢？

"奋斗改变命运，梦想让你与众不同。"梦想是什么？是引发生命潜能的导火线，是激发生命激情的催化剂。给自己一个梦想，就是给自己一个目标。有些人不能获得成功，就是因为他们过分地夸大了自己与成功的距离，自己给自己的前进之路设置了障碍。其实，只要你敢想，就离成功又近了一步。

有一位名人曾经说过这样的一句话："终生去做一件事，便可成功。"人生的目标和梦想也是一样，只要你咬定青山不放松，坚持自己当初的梦想不放弃，你就可以拥有一个精彩的人生。

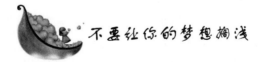

不要让你的梦想搁浅

世界上最大的炸鸡快餐连锁企业肯德基，已在全球范围内成为有口皆碑的著名品牌。它的连锁店遍及80多个国家，从中国的长城，直至巴黎繁华的闹市区、风景如画的索菲亚市中心以及阳光明媚的波多黎各，都可见到以"KFC"为标志的肯德基，而这所有的一切都源自一个对梦想永不言弃的人——桑德斯上校。

当年桑德斯上校从美军部队退役时，妻子已经带着幼小的女儿

第七章　执著信念——用梦想启动未来

143

离他而去了，家里只剩下他一个人，太多的时间常常让他感到人生的漫长与落寞。所以他总在心里琢磨："他应该怎样打发时间呢？"可一生戎马的桑德斯除了会操枪弄炮外，实在想不出像自己这样已经年过花甲的老人还有什么特长可以打发时间。

就在这时，桑德斯脑海里突然灵光一闪，想到了自己曾经试验出的炸鸡秘方，于是他找了一家餐馆要与其合作："我的秘方很特别，一定可以让顾客喜欢上它的。"

"我想我们不需要，因为鸡肉的做法我们已经有很多种了。"餐馆老板说。

桑德斯又找到下一家："你们愿意试一下我的特制秘方吗？"

"不，我们对那没有兴趣。"

虽然遭到一次又一次的冷遇，桑德斯始终对自己的配方充满信心，他告诉自己："没关系，每一天都是新的，我相信只要坚持下去，总会有人愿意接受它。"

他依旧开着那辆破旧的"老爷车"推销他的特制秘方。从美国的东海岸到西海岸，历时两年多，在推开过 1008 家餐馆大门后，仍没有获得成功。

此时，年老的桑德斯感到非常沮丧，他想到了放弃，但是他很快又说服自己再试一次。当桑德斯推开第 1009 家餐馆的大门时，老板被他的精神打动了，他说："那让我来试试吧。"后来，桑德斯以秘方作为投资，得到了这家餐馆的股份。由于经营得当，肯德基很快就遍布全美国，然后又以惊人的速度遍布世界各地。

看着那如雨后春笋般冒出的一家家肯德基，吃着那令人回味无穷的香辣鸡腿汉堡，你脑海里是否会浮现出当初那个为了梦想而四处奔波的老人？如果没有当年桑德斯上校对梦想的坚持，或许我们今天就品尝不到这些食品了。所以，当你在跑 1500 米即将坚持不住时，当你面对学了很久的吉他还是得不到老师赞赏时，当你在一次又一次数学竞赛中失败时，坚定地告诉自己：我应该坚持下去，为了那早已深埋在心中的梦想，永不言弃！

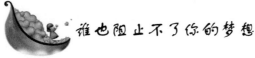
谁也阻止不了你的梦想

约翰逊说:"人的理想志向往往和他的能力成正比。"

眼睛所望之处,即成功所到之处。拥有梦想,就跟随心灵的召唤前进吧,前路是一片风光旖旎的旅程。

他叫吕克·贝松,是一个法国人。

那一年父母带他去摩洛哥度假。晚饭后,沙漠上开来一辆拖拉机,有一条白色带暗花的床单被横空扯起来,用两根树干状的东西支在了沙漠上。忽然,白色床单上竟然出现了人影与音乐,他顺着一束有很多飞虫在跳舞的光望过去,发现它们来自拖拉机里一台神秘的仪器。

"那是放映机",妈妈说,"他们看的是电影。"

他安静下来,仰着头看电影。那是一部喜剧片,但他并不觉得怎么好笑。看到一半的时候,有只骆驼刚巧经过,因为床单挡住了它的去路,看样子它是打算把床单扯下来,于是很多人就跑去抓骆驼。这一回他笑了,对他来说,"屏幕"下的这部喜剧更有意思。

他后来说那是他第一次看"三维电影",事实上,那也是他第一次看电影,他第一次认识到电影是这么有趣的东西。那一年,他9岁。

青春期的时候,满脑子的奇异幻想简直令他痛苦。他就把这些想法写下来,并把那些文字命名为"剧本",可大多数剧本的第一阅读者都是那只黑色的垃圾桶。风靡世界的《第五元素》剧本,就是他16岁那年写的,这部影片在他40岁那年被搬上银幕,全球票房2亿美元。

20岁的时候,他已经写了30个剧本。就在20岁那年,他去报考一所电影学院。第一关面试,考官让他说出他最喜欢的导演,他就说了几个名字。可还没等他说完,就被制止了,对方说他不适合这里。15年后,已名满天下的他被这所电影学院请去教书,他却说

"我教的东西你们不适合"。是的，这个大导演还有点儿记仇。

他确实不打算原谅他们。20 岁，他那么年轻，浑身上下充满那么多不可思议的力量，他刚刚确定自己一生的梦就是"电影"，可是他们说他不适合。

这个"不适合"的年轻人此后摸爬滚打于好莱坞的电影圈，从最底层的小工做起，4 年之后他成立了自己的电影公司——皇太子影片公司。之后，《碧海情天》《尼基塔》《这个杀手不太冷》《第五元素》等重头影片先后上映……他拍摄的影片部部经典，成为世界上最牛的导演之一。

2006 年 12 月，他的第十部电影在法国上映，而 48 岁的他却在此时宣布：这之后，他将放弃电影，投身于慈善事业，去帮助那些有梦的年轻人。

"梦想对一个人来说，就相当于汽油对汽车一样。在世界上任何一个国家，任何一种政权下，谁都不能阻碍你去梦想，这是一种难以置信的力量。即使你被关在一个很小的囚室里，什么都不能做，但是谁也不能阻止你去梦想。"是的，谁都阻止不了，而他更要帮助那些有梦的年轻人去实现梦想，因为他们就是曾经的他。

成功从梦想开始。梦想是一种持久的盼望，是一种深藏于心底的潜意识。它能长时间调动你的创造激情，调动你的心力。你一旦有了这种强烈的愿望，就会产生一种原子能般的动力，就会有一种钢铸般的精神支柱。一想到它，你就会为之奋力拼搏，就会尽力地完善它。在艰难险阻面前，一定不要轻易说"不"字。为了梦想的实现，要勇敢地超越自我，跨越障碍，开拓出一条坦途。

人因为有梦想而变得伟大，人因为没有梦想而变得渺小，这就是成功者和失败者非常重要的一个分水邻。成功之路即追求梦想之路，成功的人一定是坚定追求梦想的人。

梦想对每个人来说，都是必须的。试想，连想都不敢想的事，你会去做吗？在一般情况下，一个人所做的事是不会超过他的梦想的。

梦想是人生存和发展的最重要的动力，也是人前进过程中不可或缺的源动力。有梦就有希望，有梦就有光明。无论何时何地，无

有梦想就有动力

论顺境逆境，都不能放弃心中的梦想。为了梦想而努力工作，也许我们暂时不会获得丰厚的利益，但是长此以往，一定会梦想成真。并且，我们也会因此而拥有一个充实且美丽的人生。

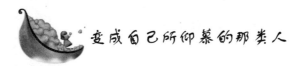

变成自己所仰慕的那类人

塑造自己的个性，把自己变成自己所仰慕的那类人。这个过程有时会痛苦，有时会彷徨，因为你不知道哪些是好的个性，也不知道怎样才能把不好的地方改正。但是有一点一定要牢牢记住：如果做一件事情，没什么损失，反而收获很大，那就很值得去做。

他出生在美国乡村，由于家中一贫如洗，他只接受过很短的学校教育。15岁那年，为了养家糊口，他不得不远离家乡到一个山村里去给人做马夫。但尽管如此，他依然雄心勃勃，无时无刻不在寻找着发展的机会。

3年之后，已经成长为热血青年的他来到了钢铁大王卡内基所属的一个建筑工地打工。一踏进这个工地，他就下定决心要做同事中最优秀者，所以当众人抱怨工作辛苦或者因为薪水太低而怠工时，他始终沉默不语，只是一边积累着工作经验，一边自学着建筑知识。

每天晚上，当同伴们聚在一起闲聊时，他总是独自躲进角落里看书。终于有一天，这种情况被前来检查工作的经理看到了。经理看了看他手中的书，又翻了翻他的笔记本，什么都没说就转身走了。第二天，经理秘书却过来请他去经理办公室一趟。

"你学那些东西干什么？"经理问他。

"我想我们公司并不缺少打工者，缺少的是既有工作经验又有专业知识的技术人员或管理者，对吗？"他胸有成竹地答道。

果然，经理被他这句话吸引了，不久之后，他就被提升做了技师。

看到这种情况，其他同伴半是羡慕半是嫉妒地挖苦他说："每天就挣那么点钱，你居然还有心思搞其他东西。"

　　"我不光是在为老板打工，更不单单是为了赚钱，我是在为自己的梦想打工，为自己的远大前程打工。我要在业绩中提升自己——只有让自己的工作所产生的价值远远超过所得的薪水，我们才可能得到重用，获得机遇。"他回复对方道。

　　凭着这种信念，他一步步地升到了总工程师的职位。25岁那年，他又做了这家建筑公司的总经理。

　　再后来，因为有着超人的工作热情和管理才能，他被卡内基钢铁公司的合伙人琼斯看中了。两年之后，由于琼斯在一次事故中丧生，身为副手的他水到渠成地接任了厂长一职。又过了几年，他被卡内基直接任命为钢铁公司的董事长。

　　最后，他终于实现了自己最初的梦想，从打工者飞跃到创业者，独自筹资建立了自己的企业——伯利恒钢铁公司，而他就是这家大型企业的领头人——齐瓦勃。

　　每个人都有梦想。善于经营梦想的人，从一点一滴开始积累，他们认真、努力，最重要的是他们具有主人翁的意识。

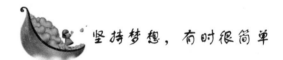

坚持梦想，有时很简单

　　坚持梦想，有时很简单，只是因为对理想单纯的热爱。坚持，不是一天、一个月的试验，而是长年累月的相信，相信终有一天会到达。

　　这是很多年前的事情了，美国一家报纸刊登了这样一则启事：某家园艺机构重金寻求纯白色金盏花。而缀在后面的赏金额度之高，足以让每一个看到它的人心跳不已。

　　一时间，此事在当地引起了轰动，几乎一夜之间，城里所有的人都开始种金盏花。可是在自然界，金盏花除了金色的，就是棕色的，要想培育出白色的新品种，那简直就是上天揽月般异想天开。所以，很多人在一时冲动试过之后，就都把那张旧报纸扔到了脑后，什么纯白色金盏花，做梦去吧！

一晃，20 多年过去了。如果不是一个很意外的邮品，连那家园艺机构恐怕都想不起来自己曾发过一则这样的启事了。那是一件来自偏远乡下的邮包，收件人打开一看，里面装的居然是 100 粒纯白色金盏花的种子，另加一封热情洋溢的应征信。

纯白色金盏花？天哪，这些种子到底来自何方？

读过那封信之后，大家才明白寄种子的是一位年逾古稀的老人，一位真正的花迷。

当年，她从儿子带回来的报纸上看到那则启事后，心里很是激动，于是不顾子女们的反对和不屑，马上动手操作起来。

一年之后，她种的金盏花开花了，她从那些花朵中挑选了几朵颜色最淡的进行选种栽培。

第二年，她又如法炮制，筛选了颜色最淡的花朵做来年的种子。

就这样，年复一年，她始终不渝地坚持着。终于，20 年后的某天，她的努力得到了回报。她的小花园里，出现了一朵白色的金盏花！那种白不是粉白，不是银白，也不是极淡的米白，而是纯纯正正的雪白！

至此，一个让专家都感觉束手无策的大难题，被一位连"遗传学"是什么都不知道的老人破解了。因为感动于老人的执著和热情，那家园艺机构立刻兑现当年的承诺，偿付了那笔令人咂舌的高额奖金。

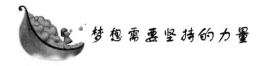

梦想需要坚持的力量

一个人可以非常清贫、困顿、低微，但是不可以没有梦想。只要梦想一天，只要梦想存在一天，就可以改变自己的处境。只要有梦想，并且勇敢地坚持下去，就一定可以看见梦想实现时的美丽景致。

有一次，一位叫布罗迪的英国教师在整理阁楼上的旧物时，发现了一叠练习册，它们是皮特金中学一个班的孩子的春季作文，题

第七章 执著信念——用梦想启动未来

目是《未来我是——》。布罗迪本以为这些东西在德军空袭伦敦时被炸飞了，没想到它们竟安然地躺在自己家里，并且一躺就是 25 年。

布罗迪顺便翻了几本，很快被孩子们千奇百怪的自我设计迷住了。比如，有个叫彼得的学生说，未来的他是海军大臣，因为有一次他在海中游泳，喝了 3 升海水都没被淹死。孩子们都在作文中描绘了自己的未来，有想当驯狗师的，有想当商人的，还有想做王妃的……五花八门，应有尽有。最让人称奇的是一个叫戴维的双目失明的学生，他认为将来他必定是英国的一个内阁大臣，因为在英国还没有一个盲人进入过内阁。

布罗迪读着这些作文，突然有一种冲动——何不把这些本子重新发到同学们手中，让他们看看现在的自己是否实现了 25 年前的梦想？当地一家报纸得知他这一想法后，为他发了一则启事。没几天，书信向布罗迪飞来。他们中间有商人、学者及政府官员……

后来，他收到了来自内阁教育大臣布伦克特的一封信。他在信中说：

那个叫戴维的就是我，感谢您还为我们保存着儿时的理想。不过我已经不需要那个本子了，因为从那时起，我的理想就一直在我的脑子里，我没有一天放弃过。

25 年过去了，可以说我已经实现了那个理想。今天，我还想通过这封信告诉年轻的朋友们，只要不让年轻时的理想随岁月飘逝，成功总有一天会出现在你的面前。

布伦克特的这封信后来被发表在《太阳报》上，作为英国第一位盲人大臣，他用自己的行动证明了一个真理：假如谁能把 15 岁时想当总统的理想保持 25 年，那么他现在可能已经是总统了。

我们每个人儿时都拥有斑斓的梦想，最终却只有少数人能够实现，这其中的差别就在于你是否能坚持自己的梦想。梦想需要坚持的力量，没有坚持，任何想远航的航船都驶不出故地的港湾。

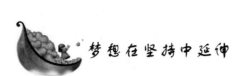

梦想在坚持中延伸

希尔顿刚开始涉足旅馆业时，手头只有 5000 美元。"我该如何创业？"希尔顿向母亲请教。这位伟大的母亲严肃而又坚定地告诫儿子："你必须找到你自己的世界。要放大船，必须先找到水深的地方。"于是，希尔顿来到了当时因发现石油而聚集了无数冒险家的得克萨斯州。

这天，希尔顿来到一家名为"莫布利"的旅馆，谁知旅馆客满了。晚上 8 点左右的时候，一个铁青着脸的中年男子开始清理客厅、驱赶人群。他口气生硬地对希尔顿说："请快点离开，8 小时后再来碰运气，看有没有腾空的床位，这里是每天 24 小时做 3 轮生意的。"

希尔顿正想发火，忽然灵机一动，问道："请问您是这家旅馆的主人吗？平时一定很繁忙吧。"店主看着和蔼的希尔顿，一改生硬的口气，向希尔顿诉起苦来，并且告诉他自己一直想要转让这家旅馆。

"你的意思是，"希尔顿压抑住内心的兴奋，故意满不在乎地问，"这家旅馆准备出售？"

"只要有人出 5 万美元，就可以拥有这儿的一切，包括我的床。"旅店老板卖店的决心已定。希尔顿仔细查阅了莫布利旅馆的账簿之后，决定买下这家旅馆。

经过一番讨价还价，卖主最后同意以 4 万美元出售。希尔顿立即四处筹措现金，在期限截止前几分钟将钱全部送到。终于，希尔顿拥有了自己的第一家旅馆。

当晚，莫布利旅馆全部客满，连希尔顿的床也让给客人住了。随着莫布利旅馆的经营成功，雄心勃勃的希尔顿又与人合伙买下了华斯堡的梅尔巴旅馆和达拉斯的华尔道夫旅馆。希尔顿的事业开始蒸蒸日上。

1924 年，希尔顿对收购二手旅馆产生了厌倦感，他内心萌发出一个更伟大的梦想，要建造自己的新旅馆。他对母亲说要大刀阔斧地干一场。第一件事，他要集资 1000 万美元，盖一座名为希尔顿的新旅馆。

而此时，希尔顿手头只有 1000 万美元，单独盖一座投资 1000 万美元的新旅馆谈何容易？但是怀揣梦想的希尔顿并没有被这些困难吓倒，他坚定地朝梦想一步步地前进。

1925 年，"达拉斯·希尔顿大酒店"终于落成，但这只是个开始，1928 年，希尔顿 41 岁生日的时候，他已经建立了 8 家酒店，希尔顿连锁酒店正式宣告成立。

他决心向更广阔的世界扩展。很快，芝加哥的史蒂文斯大饭店、帕尔默饭店，连同享有"世界旅馆皇帝"美称的斯塔特拉旅馆系列一并被收购在他的旗下。希尔顿登上了美国酒店业大王的宝座，但他的梦仍在路上，不久他又成立了国际希尔顿酒店有限公司，将他的旅馆王国扩展到世界各地。一步一步的前进，终于奠定了希尔顿集团在世界酒店业的"巨无霸"地位，希尔顿成了世界旅馆之王。

林肯说过，喷泉的高度绝不会超过它的源头，一个人的事业也是这样，他的成就绝不会超过自己的信念。所以，问一问自己吧，你的梦想是什么，只要拥有了梦想，你的人生就同时拥有了无穷的力量和无限精彩的可能。

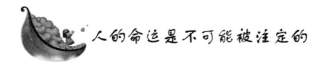 人的命运是不可能被注定的

人的命运是不可能被注定的，只有时时刻刻这样肯定自己，给自己加油鼓劲，才能创造辉煌的成就。

中国台湾著名音乐人王杰，在一次采访中吐露了他的成功之路。15 岁那年，他还是半工半读的少年。有一次在茶楼打工，肚子太饿了，客人埋单离去后，他趁人不注意偷吃了客人剩下的一个叉烧包，谁知被经理看见了，硬说他偷吃茶楼的食物，他死不承认，经理恼羞成怒给了他一记狠狠的耳光。当日他的头脑一阵眩晕，眼泪不受控制地流下来了，而他也被开除了。他一边哭一边走回租住的地方。

其实那只是一个两层铁架床的上层，香港称之为"笼屋"。他跟住在隔壁床位的老伯哭诉，老伯慈祥地安慰他，他问老伯："为什么我的命这么苦？12岁爸妈就离婚不要我了，上学受人欺负，打工也被人冤枉，难道我注定要一辈子这么倒霉吗……"

老伯看着他好一会儿，突然笑出了声："嘿！小鬼头，胡说八道！谁告诉你人是要被注定的？要是这样那还有什么惊喜？连做百万富翁也没什么意思。你这个小笨蛋！"说完他便去上班了。老伯是个当夜班的保安员，平时总是喋喋不休，王杰向来把他的话当耳边风，但他这一句"人是不可能被注定的"却一语惊醒王杰。

王杰转念一想："是啊！人不可能被注定，我有我热爱的音乐，无论路有多难走，我都要坚持走下去。"10年之后，《一场游戏一场梦》面世了。

《一场游戏一场梦》是王杰的第一张唱片，它也见证了他生命的转折点。记得唱片上市的第一天，公司的一位"前辈"问他："王杰，你的唱腔实在太奇怪了，你觉得你的新唱片能卖多少？"这位"前辈"的眼神不太友善，但王杰知道这是自己10年心血的结晶，信心也不像以前那么脆弱，于是很坦诚地说："应该可以卖到30万张吧。"没想到，不到半天，他的回答就被当成笑话传遍了公司，甚至有人见到他开始叫他"30万"——在他们眼里，他是想一夜成名想疯了。看着他们的嘲笑，甚至连唱片的制作人都不帮他说句话，他只有在心里默念着老伯曾经说过的话，告诉自己人是不可能被注定的，能否改变命运，就靠这一次了。唱片推出的一天晚上，王杰下班后坐计程车回家，车窗外不断流逝着美丽的夜景，闪烁的霓虹灯照耀着街上的夜归人，隐约中，计程车的收音机里传出悦耳的声音：接下来播放的是本周流行榜的冠军歌曲。一阵音乐的前奏响起，熟悉的旋律让王杰的心开始狂跳。主持人继续说："本周的流行榜冠军歌曲，就是王杰的《一场游戏一场梦》。"那一瞬间，王杰泪流满面。

第二天，他推开唱片公司大门，所有人的脸都在看到他的一瞬间挂上笑容。之后，他听到很多恭喜的声音，他不断向他们说着多谢，他说："我不知道，这算不算一场游戏一场梦。改变命运的时刻已经过去，而我也彻底相信了，人是不可能被注定的！"

第八章　永不放弃——用梦想点燃灿烂人生

　　人的一生，不可能永远在教室里度过，有许多东西都比分数重要得多。每一个梦想都值得浇灌。

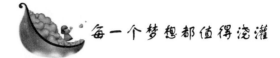

每一个梦想都值得浇灌

美国一位前总统不无自嘲地说："当总统最大的好处就是，我可以把中学成绩列为最高机密。"分数是一件华丽的校服，一旦走出校园，就不复存在。有人却把它当成了终极目标，悲剧由此而来。人的一生，不可能永远在教室里度过，有许多东西都比分数重要得多。每一个梦想都值得浇灌。

有两则新闻，我们深有感触。第一则新闻来自美国密苏里州，主角是个3岁的小男孩。乔丹虽然只有3岁，已经学会独立生活，与父母分睡。这天晚上，熟睡中的乔丹突然被一阵刺鼻的烟雾熏醒，原来是床头灯短路起火。火苗乱窜，浓烟滚滚，乔丹居然没有吓哭，迅速打开房门，跑向父母的卧室。情急之中，他还找到一条湿毛巾，捂住了自己的鼻子。

乔丹拼命摇动爸爸的身体，大声喊道："着火了！着火了！"爸爸起初以为儿子在说梦话，清醒之后，发现家里果然起火。火势迅速蔓延，已无法控制，全家人赶紧逃了出去，随即拨打了报警电话。

由于乔丹及时发现火情，处置得当，一家人幸免于难。通过媒体报道之后，这个3岁的小男孩成了当地明星，妈妈自豪地告诉记者："儿子的消防知识，都是从爷爷那里学来的，乔丹的爷爷是个经验丰富的消防员。"乔丹最大的理想，就是希望长大后能像爷爷那样，做一名出色的消防员。父母常常鼓励他，要为理想而努力。

另一则新闻发生在我的家乡，江西南昌。警方接到群众报警，一个流浪汉躺在人行道上，奄奄一息，急需救助。警察很快找到了这名流浪汉，是个衣衫褴褛的年轻人，赤裸着上身，蓬头垢面，看上去病得不轻。他被送到医院救治，神智渐渐清醒，当警察问明他的身份之后，不由得大吃一惊。

年轻人姓黄，今年23岁，竟是中国政法大学的应届毕业生。警察很快帮他联系上了家人，随后小黄的母亲从福建赶到南昌，证实

了他的身份。听了小黄的遭遇，估计谁都会欷歔不已。

今年暑假，小黄刚从大学毕业，本打算回家乡福建找工作，不小心买错了火车票，稀里糊涂到了南昌。人生地不熟，他在南昌举目无亲，又与家人朋友失去了联系，出来时赶得匆忙，忘了带手机。小黄身上只剩了几十块钱，很想先找份工作糊口，可是他性格内向，不会与陌生人沟通，找不到工作。没有生活来源，也不知道如何求助，他只好露宿街头，以乞讨和捡食为生。由于天气炎热，加上吃了变质的食物，小黄最终倒在了马路上，幸亏被好心人发现，及时报警。

23 岁的名牌大学生，为何连 3 岁小孩都不如？

如果不是搭错车，小黄或许依然是受人尊敬的大学生。不难想象，他从小到大肯定学习成绩优异、老师喜欢、同学羡慕，更是父母的骄傲。

3 岁的乔丹，最大的理想是当消防员，这在我们看来，简直无法接受。然而，正是这个"胸无大志"的小男孩，让我们惊叹不已。谁又能想到，一个名牌大学毕业的学生，刚跨出校门，居然就变成了"犀利哥"！

哀其不幸，毋宁说是教育的不幸。孩子是一块天然璞玉，未来有无限种可能，很大程度上取决于琢玉人对他的期望。你希望他将来成为什么，他就是什么。从这个意义上说，乔丹的父母值得尊敬。

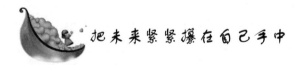

把未来紧紧攥在自己手中

我想告诉那些孩子，贫穷不是你的错，没有人可以选择出身，只能把未来紧紧攥在自己手中。

一根斜拉钢索，横跨两岸，底下是奔腾的江水。一个简陋的滑轮，人倒悬于上，沿钢索顺溜而下，耳畔呼呼带风，直抵对岸。溜索渡江，以前只在好莱坞动作大片，或者特技表演中见过。这样的惊险场面，很容易让人想到一个词——命悬一线！假如普通人有勇

第八章　永不放弃——用梦想点燃灿烂人生

气亲身体验一回，想必终生难忘。有一群孩子，每天都要以这种方式过江，只是为了上学。

看《走路上学》，心灵的震撼，远多过于视觉冲击。一对傈僳族的姐弟俩，生活在云南怒江边上，天真烂漫。学校在对岸，隔河相望，没有桥，姐姐为了上学，不得不每天溜索过江。7岁的弟弟也渴望上学，却被妈妈严厉制止，不准他单独过江。妈妈说要等爸爸回来后，护送他上学。然而，在外打工的爸爸迟迟未归，弟弟终于无法抵挡对岸的诱惑，瞒着妈妈冒险吊上了溜索……

电影由真人真事改编而成。数年前，彭家煌、彭臣兄弟来到云南怒江，亲眼目睹了当地的孩子为了到对岸上学，不得不溜索过江的情景，心情再也无法平静。兄弟俩决定拿出1000万拍一部电影，来记录这些孩子的上学之路。在此之前，他们从未拍过电影。拍这样的公益电影，基本没有机会排上院线，收不回成本。明知道是赔本的买卖，兄弟俩仍坚持要做，为了圆儿时的梦。

兄弟俩从小痴迷电影，20年前从湖南来到深圳，租了一张办公桌，每天吃2毛4一包的方便面，白手起家，终于拥有了自己的广告制片厂。在电影拍摄期间，弟弟彭臣意外遭遇车祸，险些丧命。他笑言，自己当时不知道车祸有多严重，连墓志铭都想好了——此人死于梦想！

梦想成就未来，也许这正是彭氏兄弟想要传递的东西。导演并未着力渲染悲情，或者以居高临下的姿态施舍廉价的同情，而是以平等的视角，冷静地叙述，尽量保持克制。即使生活艰难，那些人依然乐观积极，孩子们对未来充满向往，渴望走出大山，改变命运。影片色彩明亮，画面清新唯美，处处给人以温暖和希望。没有刻意煽情，只有阳光下的苦难，我的眼泪依然止不住地流。

看到两则关于上学路上的报道。一则来自南方某发达城市，因为路面堵车，一位家长担心孩子上学迟到，亲自驾驶私人直升飞机，把孩子空降至学校操场。另一则来自美国，政府拨款6亿美元鼓励学生走路上学。大意是说，考虑到学生们习惯了由家长开车送到学校，这种方式既不环保也不健康，美国疾病防治中心发起了"步行上学周"活动，旨在鼓励孩子步行上学，让他们更清楚步行的益处

有梦想就有动力

和必要性。

人家不计成本，费尽心思，为的是鼓励孩子们走路上学。在云南怒江边上，孩子们最大的梦想，就是希望有一座桥，可以每天走路上学。同一个梦想，放在另一个世界，就变成了黑色幽默。苦难，对于一个人的成长不见得是坏事。正如成龙在电影主题曲中唱的那样："磨难是人生第一笔财富。"很现实的问题是，谁愿意生下来就得到这笔财富？

有人说，世上有三样东西无法隐藏：咳嗽、爱情和贫穷。但是出身不能决定人的一生，没有人可以阻止你的梦想，就像 20 年前的彭氏兄弟。我想告诉那些孩子，贫穷不是你的错，没有人可以选择出身，只能把未来紧紧攥在自己手中。生活就是这样，总会有许多不如意，会有大大小小的坎坷。不管遇到什么，你仍然要平静和微笑，坦然去面对。

 ## 放弃梦想，会失去人生最大的享受

谁都有梦想，可是我们都太务实，太聪明，怕失败，担心被人笑话，于是小心翼翼地把梦想藏起来，转而寄托在别人身上。放弃了梦想，也失去了人生最大的享受。

他骑摩托车去加油，等了半天，老是轮不上他。加油站的小姑娘见他身上脏兮兮的，摩托车又破破烂烂，可能没把他太当回事。自己先来的，却被后面的人插队，他有点不服气。加完油，他半开玩笑道，等会儿我开飞机来加油。小姑娘头也不抬，干干脆脆回了他三个字："神经病"。

20 分钟后，当他把飞机轰隆隆开进加油站时，小姑娘目瞪口呆。

这是他的私人飞机，更准确地说，是他亲手打造的飞机。钢管焊接的机身，术头做的螺旋桨，加上一个摩托车发动机，这就是飞机的全部构造。模样简陋，看上去甚至有点可笑，当你看到它飞上1800 米高空时，就只能仰视了。

这个叫王强的四川小伙子，是个快乐的发型师，从小喜欢对着天空发呆，梦想自己能飞上蓝天。"我很想很想飞，只要能离开地面，哪怕摔死了也划算。"终于无法抵挡蓝天的诱惑，他决定要造飞机。

这个大胆的计划，更像是异想天开。换成别人，闭着眼睛想想也就算了，他偏要动手试试。飞行学校肯定不收他，但他有办法，找来高档飞机模型，每天用心研究飞行原理，学习如何起飞、降落、操控飞机。一点一点地琢磨，边学边试验，听起来像天方夜谭，他居然真的造出一架飞机。

第一次试飞，发动机没有装消声器，轰隆巨响震耳欲聋，上飞机之前，他要先用纸团塞住耳朵。由于经验不足，他把飞机开得摇摇晃晃，降落时还差点撞上路边的卡车。地上的人都为他捏了把汗，问他感觉如何？他说："爽死了，我的飞机太省油了！"脸上的喜悦无与伦比。

经过反复试验改进，飞机造得有模有样，性能越来越稳定，可以轻松升到1800米的高度。他的飞行技术与日俱增，还用自己的名字给飞机命名——"王强一号"。当地媒体报道了他的事迹，许多人慕名而来，点名找他理发，还要求签名合影。他不小心成了明星，拥有众多"粉丝"。

一个普通的发型师，只有初中文化，从未学过飞行，毫无专业背景，造出了一架飞机，还要飞上蓝天，其中艰难可想而知。的确没有比登天更难的事，穷且益坚，不坠青云之志。如果你以为他造飞机吃了多少苦，受了多少委屈，那就大错特错。

别人躲在空调房里喝茶打麻将时，他却顶着烈日出去跑零件，在太阳底下组装飞机，汗流浃背，晒得黑不溜秋。许多人都觉得纳闷，不知他为什么要瞎折腾，没事自讨苦吃。只有他心里最清楚，当自己与梦想一点一点靠近时，那种快乐无与伦比。他说："自从我造飞机以来，每天睡觉都特别香甜。"看脸上的表情，就知道他有多么享受。

我也是王强的"粉丝"。我们喜欢追星，其实是追逐梦想。自己不敢想不敢做的事，忽然由别人替你完成了，你欣喜若狂，仿佛梦想成真。谁都有梦想，可是我们都太务实，太聪明，怕失败，担心被人笑话，于是小心翼翼地把梦想藏起来，转而寄托在别人身上。放弃了梦想，也失去了人生最大的享受。

王强的飞机在世博会期间展出。他并不满足，仍在努力改进，希望它将来飞得更高，能够多坐几个人。别人问他："如果你的飞机可以再带一个人的话，你最希望带上谁？""我媳妇"，他答得干脆利落，黑黑的脸庞上阳光灿烂。真好，想想都让人羡慕不已。

随便哪一种可能，都能轻而易举地将梦想篡改，但他统统不去想，心里只有一个单纯的梦想。

10 年前，他还是个刚入伍不久的小战士。适逢建国 50 周年，他所在的部队接到了国庆阅兵任务，他立即报名参加选拔，却因体重不达标，被挡在了阅兵村外。他伤心得直掉眼泪，战友们都劝他别难过，说将来还有建国 60 周年阅兵，下次还有机会呢。10 年后的事，谁说得准？可是谁也没有料到，一句安慰的话，竟在他心底埋下了梦想的种子。

从那天起，他就为自己定下了 10 年后的目标：参加建国 60 周年阅兵！

他做梦都想参加阅兵。第二年休假时，他专门坐火车去了一趟北京。来到长安街，他身着便服，按照战友们受阅时走过的路线，独自一人走完了全程。然后，他找了一个很不起眼的位置，请过路的老伯给自己照相。热情的老伯感到不解，"小伙子，北京有这么多好景点，你为何选这个地方照相呢？"老伯当然不知道眼前这个位置正是他的战友们受阅时站立的地方。"咔嚓"，快门按动，梦想与笑容一起被定格。

这次梦想之旅，更加让他坚定了信念。他发奋努力，积极准备。然而，当兵第 5 年，他就不得不面对人生最大的一次抉择，退伍还是继续留在部队。父亲年岁已高，希望儿子能够早日回家挑大梁，并在家乡为他找了一份不错的工作。但他坚持要留下，父子俩为此在电话里吵过，最终还是父亲妥协了。期间，他考入了士官学校，毕业后被分配到新的部队。

10 年等待，似乎一切都在改变，唯有当初的梦想丝毫未变。晚上睡觉时，他经常会做同一个梦，梦见自己迈着铿锵有力的步伐走过长安街。终于有一天，他忽然得到消息，自己所在的部队接到了建国60周年阅兵任务。他欣喜若狂，激动得一夜没睡，第二天一早就跑去报名。这次，他顺利通过选拔，如愿进入阅兵村。

他克服了所有困难，一次小小的意外，却险些让梦想止步。在一次例行训练中，他的眉骨部位意外受伤，豁了一个大口子，鲜血直流。到医院缝针时，医生问他要不要打麻药？他说不打。不是为了逞英雄，因为医生告诉他，如果打麻药的话，伤口愈合可能会比较慢。他说只要想到伤口能尽快好起来，针扎进肉里，都不觉得那么疼了。

他叫王付忠，一个普通的解放军战士。为了心中的梦想，他坚定执著，默默奋斗，十年磨一剑，终于梦想成真。可以体会，在那庄严神圣、万众瞩目的时刻，当他昂首挺胸、阔步走过长安街时，必定是世界上最幸福的人之一。

阅兵式上，不到100米的距离，只用了36秒时间，而王付忠走了整整10年！在这10年当中，会发生多少无法预料的事情，有些他能够控制，有些则是他无力改变的。也许提前退役，也许他所在的部队不在受阅之列，也许身体条件已不再允许他参加阅兵……随便哪一种可能，都能轻而易举地将梦想篡改，但他统统不去想，心里只有一个单纯的梦想。他说，我把每次训练都当成真正的阅兵！

或许是他的执著感动了上苍，无数不确定因素，最终都化为了有利条件。王付忠无疑是幸运的，不过同样可以肯定，这种幸运绝非出自偶然。如果你知道自己的方向，全世界都会为你让路。

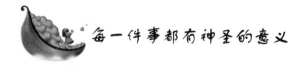

每一件事都有神圣的意义

当责任战胜了恐惧，当良知打败了诱惑，我们在每个岗位所做的每一件事，都有了神圣的意义。

一辆卡车从村子中间的公路驶过，车厢突然起火，车上满载着几十个油桶，里面装的都是石油半成品。"砰"的一声巨响，一个火球突然冲上了几十米的高空，爆炸过后，油桶碎片纷纷落在村民家的屋顶上。爆炸声接连不断，火光冲天，浓烟滚滚，村民都被眼前的景象惊呆了。更让人恐怖的是，卡车着火后并未停下，似乎已经失控，像一条狰狞的火龙，拖着滚滚浓烟，依然向前狂奔。慌乱中，有人拨打了119火警电话。

当我和派出所的同事赶到现场时，大火已经被扑灭，消防队员正在忙碌地收拾灭火装备。卡车停在离村子约1公里外的空旷地带，已烧得面目全非，只剩下一个乌黑的骨架，仍在向外冒烟，变形的油桶和七零八碎的汽车部件散落一地。肇事司机是个中年汉子，看上去惨不忍睹，衣衫褴褛，满脸烟灰色，只剩两个眼珠子露在外面，头发和眉毛都烧焦了。他是个经验丰富的老司机，发现车厢着火时，本来可以立刻弃车逃命，没有人比他更清楚那些油桶的威力。但他越担心汽车爆炸，越不敢停车，反而加大油门，冒着车毁人亡的危险冲出了人烟密集的村子。当他跳出驾驶室时，已经火烧眉毛了。

劫后余生，司机在描述事发经过时，仍显得惊魂未定，甚至有些语无伦次。为了让他尽量放松，我鼓励他说："你真勇敢，不怕死，不然整个村子都危险了。""谁不怕死啊？"他苦笑着摇头，"村里人那么多，我是司机，不能扔下车不管。"当他做出生死抉择的瞬间，也许根本来不及想太多，只是下意识地知道不能放弃司机的职责。心怀恐惧依然向前，责任战胜了逃生的本能，我接触过的案子无数，第一次对一位肇事司机心生敬意。

还是一起事故。一辆武装押运的运钞车，从一座高架桥上经过，由于早晨结冰，路面湿滑，车子急刹车时突然失控，冲断护栏后翻到了十几米深的桥下。这不是普通的交通事故，不仅涉及到车辆和人员的安全，还关系到车上巨额现金和武器的安危。各部门迅速赶往出事地点，当我最先到达事故现场时，不由得惊呆了。我看到了永生难忘的一幕：

运钞车斜躺在河边的浅滩上，四轮朝天，车体严重变形，各种油料仍在汩汩地往外泄漏。一名年轻的保安从车里爬了出来，他是车祸中唯一的幸存者，显然伤得不轻，满脸血污，歪戴着钢盔，防

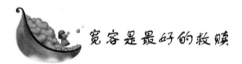

弹背心上沾满了污泥和油迹，腿上还在滴着血。四周空旷无人，但他依然紧握手中的枪，吃力地站在刺骨的寒风中，随时保持高度警戒。他像刚从战场上溃退下来的残兵，全无了往日的威严，这种场面简直有些滑稽，又充满了悲壮。我肃然起敬，灾难和恐惧并未让他放弃职守。

每天都会见到形形色色的人和事，大多转瞬即逝。那两张并不熟悉的面孔，却总在我的记忆中回荡，抹也抹不掉。其实都是些平常的人，做着平常的事，远谈不上什么壮举。当然可以解释为职责所在，各行各业都有它的职业操守。问题是，当生命受到威胁时，你还守得住吗？

我们需要英雄，更离不开这些恪尽职守的普通人。有些事情是你不愿做的，因为你明知道有危险，但又必须去做，这就是责任。有些事情是你轻易就能做到的，而且有利益驱动，但是不能去做，这就是良知。当责任战胜了恐惧，当良知打败了诱惑，我们在每个岗位所做的每一件事都有了神圣的意义。

宽容是最好的救赎

得饶人处且饶人，我们都认为对别人应该宽容，为什么不可以宽恕自己一回？

清初计六奇所著《明季南略》，写了一个有趣的故事：

清兵大举攻打扬州，眼看破城在即，全城百姓人人自危，却无处可逃。扬州城内有个叫程伯麟的商人，平日虔诚拜佛，乐善好施。这天晚上，程伯麟忽然梦见菩萨显灵："你家共17口人，其余16人均可保平安无事，唯独你劫数难逃，因为你前世杀了王麻子26刀，今世须偿还。"程伯麟大惊，慌忙跪求破解之法。菩萨道："破城之时，你千万不能逃走，否则将连累全家遭殃。"

5天后，守将史可法战死，扬州城破，城内兵荒马乱，尸横遍野。程伯麟安排家人全部躲进厢房，自己则独坐堂屋，坦然等死。

当夜，果然有清兵来敲门，程伯麟镇定自若，大声问道："来者可是王麻子？我在这里已等候你多时，尽管进来杀我 26 刀吧。"门外的清兵大惊："我就是王麻子，你怎么知道我的名字？"

程伯麟打开大门，将梦中所见如实相告。王麻子听后，百感交集，叹息道："你前世杀我 26 刀，所以才招致我今世找你报仇，如果我今世再杀你 26 刀，来世你岂不是又要找我偿还，冤冤相报何时了？"说罢，王麻子抽出佩刀，用刀背在程伯麟身上敲了 26 下，随即骑上战马，疾驰而去。程伯麟由此躲过大劫，后来举家迁往南京定居。

《明季南略》所记大多为明末清初史实，具有重要的史料参考价值。然而，由于见识所限，古人写书，大多喜欢添加一些神怪志异，用以教化世人，计六奇也不能免俗。故事的真实性大可不必深究，作者所表达出来的处世哲学倒是挺耐人寻味——宽恕别人，其实也是宽恕了自己。

玄幻电影《迷失三角洲》，表达的是另一种宽恕。洁西是个脾气暴躁的母亲，动不动就对儿子发怒，非打即骂。一天，洁西带儿子去海上游玩，在前往码头的路上，她一边开车一边训斥儿子，结果与一辆大卡车迎面相撞，母子俩死于非命。洁西死后，灵魂不得安宁，总认为是自己亲手杀死了儿子，从而陷入了深深的悔恨之中。于是，她的灵魂穿越时空，回到了车祸发生之前。为了改变事件原来的进程，阻止车祸发生，她潜入自己家中，杀死了以前的"自己"，试图以此来挽救儿子。

诡异的事情发生了。无论洁西怎么努力，都不能阻止那场车祸。她不甘心，一次又一次穿越时空，回到从前，杀死了无数个"自己"，却无法改变结局。她无意中闯入了一个可怕的怪圈，不断地从终点回到起点，在两个时空循环穿梭，永无休止。于是，心酸的悲剧再三重演，故事的结尾又变成了开头，永远没有结局。

如何才能解开这个死循环？影片并无交代。其实很简单，只要她肯原谅自己，立马就能跳出轮回的怪圈。人非圣贤，孰能无过，有些东西既成事实，就必须平静地接受。否则，就变成了那位可怜的母亲，困在自己精心设计的炼狱中，无止境地循环往复。她迷失

第八章 永不放弃——用梦想点燃灿烂人生

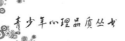

在过去，同时也失去了未来。

我一个朋友，报考公务员，笔试成绩名列前茅。前期优势明显，接下来的面试，只要正常发挥，就能轻松过关。前途一片光明，偏偏出了意外，一个很简单的常识问题，她居然从没听过，答不上来。前功尽弃，名落孙山，她再也不肯原谅自己，每天都在后悔自责，逢人就说："实在不应该啊，那么简单的题目……"她也在不停地穿越，陷在那次失败中出不来了。

宽容是最好的救赎，人有时得学会超脱。就像前面那个清兵，将刀刃换成刀背，顷刻斩断了复仇的循环链，所有难题迎刃而解。得饶人处且饶人，我们都认为对别人应该宽容，为什么不可以宽恕自己一回？

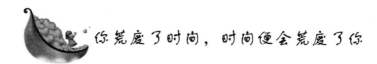

你荒废了时间，时间便会荒废了你

清末出版的《点石斋画报》，记录了一桩奇事。福建人林某侨居新加坡，嗜酒如命，逢喝必醉，尤其是大醉之后能连睡三天三夜，堪称奇人，渐渐声名远播。某日，一位福建老乡胡某慕名找上门来，开门见山说道："听说你喝醉之后很能睡，这没什么了不起。我也能连睡三天不起，而且不必借助酒力，只需嚼一块槟榔就行了。"原是同道中人，知音难觅，林某听后大喜，遂邀胡某打赌，看谁睡的时间更长。胡某毫无惧色，欣然应战，并约定以50两银子为赌注。

翌日，双方各邀亲朋好友作为裁判，互相监督。一声令下，赌局开始，两人各自施展拿手绝技，一个开怀痛饮，一个大嚼槟榔，随即倒头便睡。鼾声如雷，此起彼伏，真是棋逢对手，将遇良才。日出日落，直睡到第4天清晨，林某才大梦初醒，睁眼一看，发现胡某仍在呼呼大睡，不由得自叹弗如，愿赌服输。

付之一笑，掩卷沉思。人生几何，寸金难买寸光阴，胡某赢了50两银子，输掉的怕不止一座金山。此前，6岁的女儿缠着问我，"醉生梦死"是什么意思？我用尽平生所学，跟唐僧似的，啰里啰唆

有梦想就有动力

讲了一大通，却怎么也没办法跟她解释清楚。想不到得来全不费工夫，这就叫醉生梦死吧。

无独有偶，近读清人李渔的《闲情偶寄》，书中提到一位名士，同样以善睡闻名。此人爱睡懒觉，无论春夏秋冬，每天必睡过午后才起床，除非天灾人祸，雷打不动。倘若朋友上午来访，肯定见不着人，此刻他还在梦中。某日中午，李渔前去拜访这位名士，发现他仍在与周公约会，无奈只好在书房静候。闷坐无聊之际，忽然灵光一闪，他顺手拿起纸笔，题了一首打油诗："吾在此静睡，起来常过午。便活七十年，止当三十五。"朋友见之，无不绝倒，虽为调侃，却是至理名言。

你荒废了时间，时间便会荒废了你。

未来无法预料，生活充满期待

假如世上真有先知，想必会过得很郁闷。没有惊喜的人生，就像一场缺乏悬念的比赛，只会让人昏昏欲睡，度日如年。

在QQ上遇到老同学，记忆中她是个清纯漂亮的女生。十几年没见了，我们的话题是从八卦开始的："听说了吗，咱们班的某某离婚了。"同学上来就向我爆料，这是我们班唯一修成正果的一对，想不到还是离了。"哦，真的吗？不过离了也不奇怪，这年头。"一秒钟的意外之后，我拿出惯看春风秋月的架势，顺便送给她一个坏笑。

"真可惜，当年那么好的一对。"同学还是忍不住惋惜。我说："很正常啊，当年他们是很好，可是过去不等于现在，现在也不代表将来，以后的事情谁能料到呢？""话虽这么说，要是过去、现在和将来没有联系的话，那谁还愿意现在努力呢？"同学幽幽地回一句，顿时把我噎住。也是，我们现在所做的一切，不都是为了将来吗？然而吊诡的是，未来偏偏是个未知数，下一秒钟的事谁说得准呢？

严格来说，我们都在为一个不确定的目标而努力。譬如爱情，绝大多数人是冲着白头偕老才走进婚姻殿堂的，现实却告诉我们，有1/4的人会在中途分道扬镳。又譬如梦想，我买的每一张彩票，都是冲着500万元大奖去的，结果连5元的安慰奖都没中过。假如我们可以料事如神，就能事先知道哪个人不该爱，哪支股票不能碰，哪张彩票不必买……未来对我们是如此重要，所以我们迫不及待，试图破译未来的密码，有人求神问卦，有人找风水师，还有人求助于算命先生。

我从不算命。不是信与不信的问题，只是觉得刺探未来是一件很无聊的事情。看过一部好莱坞电影《预见未来》，主人公是个天才魔术师，他拥有一种与生俱来的特异功能，能够预见未来两分钟内将要发生的事情。因此，只要他缺钱的时候，就去赌场摸两把，当然稳赚不赔。尤其是每当危险即将降临时，他总是能提前预防，逢凶化吉。即使后面有子弹打过来，他连头都不用回，只要优雅地一侧身，就能轻松躲避。他永远不会缺钱，永远不会发生意外，可是他过得并不快乐，因为在他漫长的人生旅途中，永远不会出现惊喜。

上帝其实挺公平，你得到了一些东西，必然会失去一些东西。电影《重庆森林》中有句经典台词："人生总是很难预料，我穿雨衣的时候，也会戴着墨镜，因为你不知道，这个世界什么时候会下雨，什么时候会出太阳。"调侃中充满了无奈，也饱含智慧。人生的确是无常的，常常让你猝不及防，弄得你手忙脚乱。不过人生的可爱之处，多半也就在这无常之中——因为你同样不知道，惊喜会在什么时候突然踹你一脚。

正因为未来无法预料，生活才会充满期待。假如世上真有先知，想必会过得很郁闷。没有惊喜的人生，就像一场缺乏悬念的比赛，只会让人昏昏欲睡，度日如年。比如一场足球赛，如果事先知道了比赛结果，你还会时时惦记，还会半夜三更爬起来呐喊助威吗？

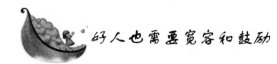

好人也需要宽容和鼓励

好人不是圣人，也会不断成长，需要自我完善的过程。对他们

有梦想就有动力

多一些宽容和鼓励，少一些苛责，这样好人才会越来越多，越来越好。

时至今日，成龙不光是功夫巨星，也是慈善明星。有人问他，艺人做慈善是不是为了作秀，有没有假的？很尖锐的问题，成龙答得更干脆："有！我就是从假的做起的。"坦诚得让人吃惊。

成龙刚出道时，给别人做武打替身，高风险低收入，还被人瞧不起。忽然一朝成名，片酬从 3000 元猛涨到 480 万，用他自己的话说就是"一夜暴富"。幸福来得太快，那时他才 20 岁出头，以前过惯了穷日子，一下子有了这么多钱，都不知道该怎么花。他一口气买了 7 块不同品牌的世界名表，一个星期有 7 天，正好每天换一块。然后，他天天呼朋唤友，喝酒唱歌，挖空心思向别人炫富。

名气越来越大，很快有人邀请他参加公益慈善活动。他说："我不去，没时间。"的确没时间，白天要拍电影，晚上要喝酒跳舞，自己都忙不过来，哪有闲工夫管别人的事。别人说："我们都安排好了，不要你做什么，只要你去就行，就一天时间，而且对你的形象和电影都有帮助。"好说歹说，总算勉强答应。

那天的活动是看望残障儿童，看到成龙出现在眼前，孩子们都高兴坏了，大声喊着他的名字。助理告诉孩子们："成龙大哥工作很忙，但是每天都在想着你们，他昨天晚上没睡觉，今天就抽空看你们来了。"别人把他捧得越高，成龙就越心虚，他本来是不愿来的，昨晚没睡觉其实是在舞厅过夜。"成龙大哥还给你们带了礼物呢。"孩子们立刻欢呼雀跃，成龙却傻了，都是别人事先安排好的，他根本没想过要带礼物，甚至不知道礼盒里装的是什么。

每个孩子都得到了礼物，看到那一张张稚嫩而又纯真的笑脸，他忽然感到无地自容，自己明明欺骗了这些孩子，换来的却是最真诚的回报。他不敢暴露心思，只好把假戏继续演下去，装着表情自然的样子，接受孩子们的道谢。

"你想我那时有多坏！"许多年后，成龙这样剖析自己。

那天临别之时，一个孩子拉着他的手问："成龙大哥，明年你还来吗？"他说："我来"。第二年，他带上了精心准备的礼物，如约而至，欠了一年的心债总算了偿。有了第一次，就会有第二次，每次都有崭新的体会，成龙就这样走上了慈善道路。当他第一次很不情愿地参加慈善活动时，本以为是一场很快就会结束的作秀，没想到竟成了一生的事业。

这些事他自己不说，永远没人知道。说出来，我们对他的敬佩有增无减。

《资治通鉴》记魏安釐王问孔斌，谁是天下高士？孔斌说，世上没有完美无缺的人，如果退而求其次的话，鲁仲连勉强能算一个。安釐王却不赞同，说鲁仲连老是强迫自己做一些不愿做的事，无非为了做给别人看，此人表里不一，不是真正的君子。孔斌的回答很经典："作之不止，乃成君子。"管他真心还是假意，只要这个人不停地强迫自己做好事，慢慢地习惯成自然，到最后弄假成真，就成了真正的君子。

孔斌提出了一个有趣的观点，人有时会误入歧途，也可以误入善途。做一件善事，不见得非要有多么高尚的动机，哪怕是作秀，那也是善良的秀。任何伟大的事业，都有一个微不足道的开始，只要你去做，就比那些袖手旁观说风凉话的人高尚得多。

成龙说："在我做慈善的过程中，一些人也慢慢教会了我如何做人。"好人不是圣人，也会不断成长，需要自我完善的过程。对他们多一些宽容和鼓励，少一些苛责，这样好人才会越来越多，越来越好。给别人一个做好人的机会，本身就是一件好事，功德无量。

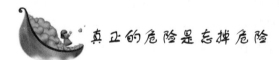

真正的危险是忘掉危险

织巢鸟是当之无愧的建筑大师，能以细枝和嫩草织出精美绝伦的巢。为了防雨，它们把出入口设计在巢底，还会衔来小石块放进巢内，加强稳定性，用以防风。为了爱情，雄鸟甘当"房奴"，当新巢上的嫩草发黄时，如果还不能吸引来雌鸟，它们又会毫不犹豫地拆掉重建，直至媳妇进门。

雨季过后，非洲的森林里新草初绿，又到了织巢鸟盖房娶妻的

时候。在危机四伏的大森林里，它们必须时刻防范各种天敌，如何选择一个安全的房址，就显得尤为重要。奇怪的是，许多雄鸟却选择了最危险的地方，把新家筑在布满鳄鱼的河面上。

它们会精心挑选一根伸出水面的细枝条，然后把鸟巢牢牢地系在枝头，悬挂于水面之上，远远看去，就像一个大梨。织巢鸟聪明绝顶，还知道如何控制巢的大小，当全家搬进去之后，树枝刚好能承受全部重量，使巢离水面的距离恰到好处，又不会掉入水中。底下就是成群游动的鳄鱼，虽然抬头就能见到美味，但也只有眼馋的份儿。如果有外来侵略者胆敢进犯，肯定会死得很惨。纤细的树枝无法承受突然增加的重量，会立即折断，把侵略者直接送入鳄鱼的大嘴。

最危险的地方，往往就是最安全的地方，聪明的织巢鸟深谙此道。在鳄鱼的"保护"之下，猴子之类的偷猎者只能望水兴叹，丝毫不敢越雷池半步。解除了外来的危险，织巢鸟便可高枕无忧，放心地谈情说爱。洞房花烛后，不到24小时，雌鸟就会产卵。刚出生的小鸟食量很大，父母又会不辞辛劳地来回奔波，为孩子送去足够的食物。

在父母的精心喂养下，小鸟茁壮成长，柔弱的枝条负担日益加重，鸟巢的高度每天都在缓慢下降，离水面越来越近，而它们浑然不觉。终于有一天，意想不到的悲剧发生了，当鸟巢接触水面的刹那间，凶残的鳄鱼张开了大嘴。

可怜的织巢鸟，也许并未意识到，从它忘掉危险的那一刻起，真正的危险才刚刚开始。

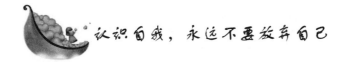

认识自我，永远不要放弃自己

人不可能不做错事，也不可能不走弯路。做错了事，走弯了路之后，有后悔情绪也是很正常的，这是一种自我反省，是自我解剖与分析的前奏曲，正因为有了这种"积极的后悔"，我们才会在以后的人生之路上走得更好、更稳。但是，如果你总是忘记不了昨天的失误，终日为昨天而流泪，从而一蹶不振，或自惭形秽、自暴自弃，那么你的这种做法就真的是愚人之举了。记住，永远不要放弃自己。

疯狂英语的创始人李阳先生，现在可以说是英语学习的代言人，他练就的一口纯正的发音是天生的吗？答案当然是否定的。

他在高中时候的学习成绩并不理想，甚至有过退学的念头，上了大学之后，他在大一、大二也多次补考英语。面对这种情况，很多人都会选择放弃，因为他们会觉得自己就是不行，以前一直都不好，以后怎么会学好呢？他们总是会怀疑自己，其实就是走不出自己过去的阴影。如果他不能从以前的阴影中走出来，他能成为今天的李阳吗？

李阳曾说他的家庭教育是打击式的，家长会说他这不行那不行，这肯定会给自己的自信心造成很大的影响。然而，李阳没有被过去的不理想牵绊，那反而更成了他前进的动力。

他不会把自己当成一个英语很弱的人来看，他只会往前看，把自己的努力放在每天的疯狂练习中。在大一、大二英语还是弱科的他，大四的时候已经开始出入各种场合做起翻译了。他是怎么做到的？努力自然是最关键的因素，但是如果他没有彻底抛开过去的失意，他的成功也许会来得更晚些。

李阳小时候是一个性格非常内向的人，不敢和别人交流，能去买一瓶酱油就是很成功的事了，当多年以后，他成为一位善于与别人交流的大家时，他的父母看到他的表现都会很惊讶地问："那是李阳吗？"

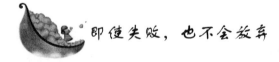

即使失败，也不会放弃

我们在面对一次又一次的失败后，往往选择了放弃，再也不愿给自己一次机会，以前做出的种种努力和付出的艰辛也都因此而白费。林肯曾说过："我成功过，我也失败过，但我从未放弃过。"人生很多时候都是这样，将最难熬的时刻熬过去了，也就没什么苦难不可战胜了。因此，当你陷入困境中时，你一定要告诉自己：只要我熬过去就是胜利，那样最终将战胜困难，走向成功。

霍华德·卡特对工作充满了热忱，但是他的顽固却也相当的有名。由于他的顽固性格，他在五年内不得不辞去遗迹监督官的工作。就在他贫困不已时，英国的乔治·卡尔纳冯勋爵表示愿意提供资金援助，邀请他参加挖掘"帝王谷"的队伍。

霍华德·卡特非常喜欢这份工作，但由于许多人都认为当时盗墓猖獗，早在学术性的调查进行之前，帝王谷就被盗贼掘光了。但当霍华德·卡特看到开罗博物馆内收藏的大约三十具古埃及历代君王木乃伊时，他突然觉得一定还有其他尚未发现的王墓。

1917年秋天，霍华德·卡特开始指挥挖掘工作。由于酷热及狂风沙的缘由，挖掘工作从十一月起至次年一月，花费了三个月才完成。然而，工作进展得并不顺利，霍华德·卡特花了很多时间，也没有取得任何成效。

1922年的冬天，饱受打击的霍华德·卡特几乎把所有可能出现年轻法老坟墓的地方统统考察了一遍，但仍然没有任何收获。此时，霍华德·卡特的赞助商对他失去了信心，打算放弃。然而，霍华德·卡特并没有气馁，不甘心就这么轻易放弃，坚持让他的赞助商再提供一天的援助。出人意料的是，就在这一天，他们发现了一条6尺长的石阶。看到这条石阶，霍华德·卡仿佛看见了希望。第二天，他们又小心翼翼、缓慢地往下挖掘，一直挖到第12阶。在那一层，他们发现了一个入口。外门上那3000年前的封印证实了那是一座皇室陵墓，也证实了陵墓内的东西完好无缺。

毫无疑问，霍华德·卡特成功了。他的坚持轰动了全世界，也改变了他的人生。后来，霍华德·卡特在自传中写道："这将是我们待在山谷中的最后一季，我们已经挖掘了整整六季了，只有挖掘者才能体会这种彻底的绝望感。我们几乎已经认定自己被打败了，正打算离开山谷到别的地方去碰碰运气。然而，如果不是我们垂死挣扎，我们也许永远不会发现这座超出我们梦想所及的宝藏。但幸好我们最终还是成功了。"

第八章 永不放弃——用梦想点燃灿烂人生

173

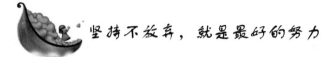
坚持不放弃，就是最好的努力

我们之所以总是品尝失败、沮丧，并不是不够优秀，只是浮躁得静不下心来，没有耐心将一件事情坚持到最后。只要虚心学习，努力上进，永不放弃，就一定能够磨炼得越来越出类拔萃。坚持不放弃，就是为争取成功所做的最好的努力。

一位年轻人大学毕业以后，连续三次去求职，都失败了。

一日，他路过一座寺庙，见方丈大师正盘坐在庙中，手拿一串佛珠在不断地念经。

年轻人问："敢问大师，可否为我指点一下迷津？"

方丈答道："你年纪轻轻，我垂垂老矣，应该是你来指点我才对。"

年轻人说："我年轻力壮，想得到一份职业，不料却连遭拒绝。都说佛门是普度众生之地，您能为我指出一条由失败通向成功的路吗？"

方丈进了里屋，拿出一把扫帚、一个簸箕，说："我刚来寺庙的时候，大师交给我的第一个任务是打扫院子，要做到干干净净，一尘不染。"

年轻人想，这打扫院子真是太容易了，我可以用两分钟的时间完成。

大院中央，长着一棵参天大树，枝叶茂密，像把大遮阳伞，秋风阵阵，叶落不停。年轻人认为扫几片树叶是最容易的事，三分钟后，他把院子打扫完毕。

他高兴地来到方丈的身边说："大师，您交给我的任务已经完成，您该为我指点了吧！"

大师和年轻人一道来到院子里，一看，原来扫过的地方，又零零落落地掉下一些叶子，年轻人只好再次回到院子里打扫。

扫第三次的时候，他已经很不耐烦了，一赌气扔掉了扫把，对大师说："这树上的叶子是落不尽的，我就是扫到明天也扫不干净，唯一的办法是砍掉大树。"

大师接过年轻人的话题说："如果你能耐住性子，为干好这一件事而努力，你就去掉了浮躁的毛病。如果你想要砍掉这棵大树，你就砍掉了'坚持'的恒心。你看看'坚持'二字'坚'字的下部是大树的根，上部是大树的叶，'持'字的左边是一个人提着扫把，右边是寺庙。佛门以'坚持'清扫来磨炼性格，想你在人世间也是一样。"

年轻人恍然大悟。

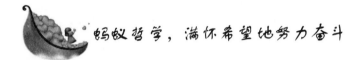

蚂蚁哲学，满怀希望地努力奋斗

多年来我一直给年轻人传授一个简单但非常有效的观念——蚂蚁哲学。我认为大家应该学习蚂蚁，因为它们有令人惊讶的四部哲学。

第一部：蚂蚁从不放弃。如果它们奔向某个地方，而你设法阻止它们，它们就会寻找另一条路线。它们或往上爬，或从地下钻，或者绕行，直到它们寻找到另一条路线。多么美妙的哲学！从不放弃，一直寻找一条奔向你想去的地方的路线。

第二部：蚂蚁在夏天就为冬天作打算。多么深刻的洞察力！不能天真地认为夏天会永远持续下去，所以即使在盛夏，蚂蚁也积极地为自己储备冬天的食物。一个古老的故事讲："不要把你的房子建在夏天的沙堆上。"为什么我们需要那个忠告呢？因为深谋远虑很重要。夏天，当你享受沙滩和阳光的乐趣时，你需要考虑暴风雨。

第三部：蚂蚁在冬天里想着夏天。整个冬天，蚂蚁都在提醒自己："冬天不会持续太久，我们很快就能到外面去。"于是在气温变暖的第一天，蚂蚁就会出去活动；如果气温变冷，它们再返回洞里。不一味地等待，这样蚂蚁永远会在气温变暖的第一天出去。

蚂蚁哲学的最后一部：蚂蚁在整个夏天会为冬天准备多少食物呢？竭尽全力地储备尽可能多的食物，多么令人叹服的哲学——全

力以赴!

这就是伟大的蚂蚁哲学的全部：从不放弃，深谋远虑，积极进取及全力以赴。

蚂蚁的哲学教会我们要有目标、有准备、有毅力，然后满怀希望地努力为之奋斗，这就是成功的人生。

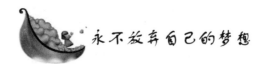 永不放弃自己的梦想

"我们因梦想而伟大，所有的成功者都是大梦想家。有些人让梦想悄然绝灭，有些人则细心培育、维护，直到它安然度过困境，迎来光明和希望，而光明和希望总是降临在那些真心相信梦想一定会成真的人身上。"上帝不会偏爱谁，但是他会适时地眷顾永不放弃梦想的人。

21 岁时，他就被美国著名青少年杂志《人物》评选为"20 位将改变世界的年轻人"之一；22 岁，报道过邓小平生平的美国 CBS 电视台播出了他的专题；23 岁时，他在维也纳金色大厅创下音乐会最高票房纪录。他就是"钢琴王子"郎朗。

提到郎朗，人们的脑海中就会不自觉地浮现出黑白琴键，郎朗已然成了人们心中钢琴的化身。而他取得今天的成就并不是一帆风顺，其间经历了无数的挫折和磨难。

想想看，9 岁的你曾遇到过的最严峻的考验是什么？考试不及格，被爸爸批评？背不出课文，在同学面前出丑？还是输了篮球，再也无缘决赛？当你为这些问题彷徨的时候，郎朗正站在人生的关口，经受着与他那个年龄极不相当的考验。

事情是这样的，9 岁那年，为了让郎朗在钢琴上得到更好的教育，父亲带着他来到北京，准备报考中央音乐学院附小。父亲几经周折，终于打听到一位很有名气的老师，他诚恳地对那位老师说："郎朗从小就对音乐感兴趣，希望您能指导指导他，给他一些帮助。"没想到那位老师听了郎朗的演奏后，却摇着头说："这哪是弹琴，根

本就是东北人种土豆。"父亲急了，连声说道："不会吧，老师，真有这么差吗？难道就没有其他办法了？"老师再次无奈地摇了摇头说道："你儿子反应迟钝、缺少灵气，他不是学这个的料，还是早点回去吧。"

在一心一意备战考试的时候听到这番话，郎朗失望之极。他在心里一遍又一遍地问自己："我真的这么差吗？我真的没有希望了吗？"无情的打击让他对弹琴变得冷淡。

面对灰心丧气的郎朗，父亲极度伤心，他对郎朗说："现在摆在你面前的只有3条路，一是吃药自杀，咱们都不活了；二是跟我回沈阳，从此不再碰钢琴；三是继续学下去。你自己好好想想，明天告诉我！"

听到父亲的话，郎朗愣住了，他不知道父亲为何这般绝情，更不知道自己究竟该何去何从。

一边是老师的无情打击，一边是还未实现便面临夭折的愿望，到底该如何选择？只有9岁的郎朗陷入了沉思。

经过千百遍的徘徊和思考，虽然9岁的孩子似乎还不能深刻地理解什么叫"坚持不懈"，但那颗梦想的种子还是在郎朗心里蠢蠢欲动，对音乐的热爱和追求终于占了上风，郎朗恍然大悟："我的生命就是为音乐而生，不能放弃！"

于是，郎朗更加忘情地投入到练习中去，他用钢琴来化解自己对梦想的怀疑，他仿佛把自己的灵魂也幻化成了那一格格让他魂牵梦萦的黑白琴键。

无数个日夜过去，郎朗终于以第一名的成绩考入了中央音乐学院附小，从此开始了他辉煌的人生之旅。

通往梦想的路，很少一帆风顺，但只要不放弃，就一定能够到达目的地。考试不及格，你可以努力；没有进入决赛，你可以把它当成是对自己的一场演习；在同学面前出了丑，更没关系，就当活跃气氛吧。在梦想之路上，学会坚持下去，努力下去，成功最终会属于你。

177

不要放弃，希望就在你的手掌上

在困难与挫折面前，不要说失望，不要说放弃，因为希望就在你的手掌上。举起你的手掌对准太阳，阳光照耀下的血液在心中沸腾的感觉就是希望。正如在贫穷和饥饿面前，孤儿的心中始终充满着播种豆苗的希望，所以他过得再辛苦，最终还是收获了梦想。

有个不幸失去双亲的孤儿，生活过得非常贫穷，今年唯一能让他熬过冬天的粮食就只剩下父母生前留下的一小袋豆子了。但是，此刻的他，却决定要忍受饥饿。

他将豆子收藏起来，饿着肚子开始四处捡拾破烂，这个寒冬就靠着微薄的收入度过了。

也许有人要问，他为什么要这么委屈或折磨自己，何不先用这些豆子充饥，熬过了冬天再说。

或许，聪明的人已经猜到了，在他小小的心灵里，充满着发了芽的脆绿豆苗。整个冬天，在孩子的心中充满着播种豆苗的希望与梦想。因此，即使这个冬天他过得再辛苦，甚至也许饿昏了过去，他也不曾去触碰那袋豆子，只因那是他的"希望种子"。

当春光温柔地照着大地，孤儿立即将那一小袋豆子播种下去，经过夏天的辛勤劳动，他终于在秋天得到了丰富的收获。然而，面对这次的丰收，他却一点儿也不满足，因为他还想要得到更多的收获，于是他把今年收获的豆子再次存留下来，以便来年继续播种、收获。

就这样，日复一日，年复一年，种了又收，收了又种。终于，孤儿的房前屋后全都种满了豆子，他也告别了贫穷，成为了当地最富有的农人。

第九章　笑傲苦难——梦想可以照亮现实

　　生活中，令人感到遗憾和悲哀的是，面对一而再、再而三的苦难，多数人选择了放弃，没有再给自己一次机会。

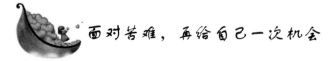面对苦难，再给自己一次机会

在一场火灾中，一个小男孩儿被烧成重伤。医院全力以赴挽救了他的生命，但他的下半身却毫无行动能力，没有任何知觉。医生悄悄地告诉他的妈妈，孩子以后只能靠轮椅度日了。出院以后，妈妈每天都推着他到院子里转一转。

有一天，天气十分晴朗，妈妈推着他到院子里呼吸新鲜空气，后来妈妈有事暂时离开了。天空是如此的美丽，蓝得好似水洗过一般。风儿轻柔地吹着，草地上盛开着各色的小花。男孩儿的心如同从沉睡中醒来，一股强烈的冲动自他的心底涌起：我一定要站起来！他奋力推开轮椅，然后拖着无力的双腿，用双肘在草地上匍匐前进。一步一步，他终于爬到了篱笆墙边。接着，他用尽全身力气，努力抓住篱笆墙站了起来，并且试着扶住篱笆墙行走。未走几步，汗水就从额头上淌下。他停下来喘口气，咬紧牙关，又拖着双腿再走，一直走到篱笆墙的尽头。

从那天起，每天他都要抓紧篱笆墙练习走路。可一天天地过去了，他的双腿始终无力地垂着，没有任何知觉。他不甘心困于轮椅的生活，他紧握拳头告诉自己，未来的日子里，一定要靠自己的双腿来行走。终于，在一个清晨，当他再次拖着无力的双腿紧拉着篱笆墙行走时，一阵钻心的疼痛从下身传了过来。那一刻，他惊呆了，自从烧伤之后，他的下半身再也没有任何知觉。他怀疑是自己的错觉，又试着走了几步。没错，那种钻心的疼痛又一次清晰地传了过来，他的心狂喜地跳动着。在他不懈的努力下，他的下肢开始恢复知觉了。他一遍又一遍地走着，尽情地享受着别人避之唯恐不及的钻心般的痛楚。

自那以后，他的身体恢复得很快。先是能够慢慢地站起来，扶着篱笆墙走几步，渐渐地他便可以独立行走了。最后有一天，他竟然在院子里跑了起来。至此，他的生活与一般的男孩子再无两样。

有梦想就有动力

他读大学的时候，还被选进了田径队。当他健步如飞时，没有人知道他曾经是一个曾被医生宣告要终身与轮椅为伴的孩子。

他就是葛林·康汉宁博士，他曾经跑出过全世界最好的成绩。

其实很多事情都是如此，只要你一次次地尝试，就会得到意想不到的收获。但生活中，令人感到遗憾和悲哀的是，面对一而再、再而三的苦难，多数人选择了放弃，没有再给自己一次机会。

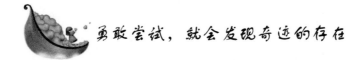

勇敢尝试，就会发现奇迹的存在

我们常常被限制在常规思维和约定俗成的框框下，就算是生命受到了威胁的时候，也不敢越这常规和"一般情况是这样"的限制。可是凡事都有奇迹的存在，并不应该总是丝毫不差地按部就班地遵守，当勇敢地尝试了之后，也许就会发现奇迹的存在。

一次，一艘远洋海轮不幸触礁，沉没在汪洋大海里，幸存下来的九位船员拼死登上一座孤岛，才得以幸存下来。

但接下来的情形更加糟糕，岛上除了石头还是石头，没有任何可以用来充饥的东西。更为要命的是，在烈日的暴晒下，每个人口渴得冒烟，水成为最珍贵的东西。

尽管四周都是水——海水，可谁都知道，海水又苦又涩又咸，根本不能用来解渴。现在，九个人唯一的生存希望是老天爷下雨或别的过往船只发现他们。

等啊等，没有任何下雨的迹象，天际除了海水还是一望无边的海水，没有任何船只经过这个死一般寂静的岛。渐渐地，八个生存的船员支撑不下去了，他们纷纷渴死在孤岛。

当最后一位船员快要渴死的时候，他实在忍受不住地扑进海水里，"咕嘟咕嘟"地喝了一肚子。船员喝完海水，一点儿也觉不出海水的苦涩味，相反觉得这海水又甘又甜，非常解渴。他想也许这是自己渴死前的幻觉吧，便静静地躺在岛上，等着死神的降临。

他睡了一觉，醒来后发现自己还活着，船员非常奇怪，于是他每天靠喝这岛边的海水度日，终于等来了救援的船只。

后来人们化验这水发现，这儿由于有地下泉水的不断翻涌，所以海水实际上全是可口的泉水。

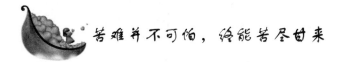

苦难并不可怕，终能苦尽甘来

其实我们每个人的人生中都充满了苦难，人也是从苦难中成长起来的。所以，苦难并不可怕，只要我们能鼓起勇气乐观奋斗，我们就能苦尽甘来，最后赢得最珍贵的财富。

20世纪20年代，贝里·马卡斯跟随父母从俄罗斯来到美国，全家在纽威克一个穷人聚居区安顿下来。他的降临让他久患风湿病而无法下床行走的母亲重新可以走路了。母亲常常告诉他，对生活要有信心，生活总会苦尽甘来。母亲的能够再次下床行走恰恰验证了母亲的这句口头禅。这种乐观的生活态度潜移默化地影响着他的生活。

贝里·马卡斯回忆道，虽然母亲的风湿病没有完全康复，但她从不抱怨生命，她甚至会不时取下缠在手上的石膏绷带，在寒冷的冬天为孩子们洗衣服，在炎热的夏天为孩子们做饭。尽管生活艰辛，但母亲始终相信苦尽甘来这一道理。

马卡斯从小的理想就是上医学院，毕业后成为一名大夫。因为家庭的经济约束，他就近选择了路特格大学的纽威克校区，这样便可以住在家里而省下住校的费用。马卡斯开始学习医学预科课程，并取得了优秀的成绩。

一天，系主任通知马卡斯，已经为他争取到了上医学院的奖学金，然而他自己还必须另交1万美元的学习费用。对于当时马卡斯的家庭状况而言，这是一笔巨大的支出，是负担不起的。于是，马卡斯只好退了学，到佛罗里达州找工作。路上，马卡斯给母亲通了电话，告诉了她这个不幸的消息。母亲的回答给了他勇气："孩子，不要失去希望，不要害怕吃苦，早晚有一天你会苦尽甘来的！"

后来，马卡斯在餐馆当了一年服务生，有了一定的积蓄后，他选择了新泽西州的药学院继续实现他的梦想。毕业后，他开始营销药品，这让他接触到了商品零售业，并开始喜欢上了它，直到他跳槽到西部一个名为"便民"的商品零售公司，他对于他的人生有了真正的想法。

在"便民"公司，他常看到不少自己动手装饰和修补住房的人来买各种家装必需品，但他们不可能在一处一次就买齐。一天，他突然有了一个主意，如果能有一家大商场，把所有的家装材料店，如厨卫设备店、涂料店、木材店全都包括进来，顾客岂不更方便？要是所有经销商都懂得怎样修马桶或怎样安装吊扇，岂不更好？这便是马卡斯的梦想的起源。

1978 年的一天，老板召见他，马卡斯便向老板谈了自己的建议，希望通过他的提议可以把"便民"公司变成一家赢利的大型连锁超市。然而，老板认为这是马卡斯在他面前炫耀才能，不但没有接纳他的意见，反而将马卡斯解雇了。

母亲的话再次浮现在他的脑海中，他没有被打倒，苦涩给了他更多的力量和勇气，他决定放手自己干。马卡斯利用这个被解雇的机会，决心自己当老板，着手创建一个大型家装材料总汇超市的构想。他的这个超市将面向人口众多的工薪阶层，他们是自己动手搞家装的主力，他这样做，正好为他们提供了及时的、恰到好处的帮助。于是，一个名为"家庭"的大型家装材料公司应运而生。

在马卡斯的悉心管理下，这个材料公司的生意非常红火，业务已经遍及全美，甚至开始扩展至全球。如今，马卡斯已年满 72 岁，他在零售业营销市场上奋斗了 50 余年。当谈及他的成功，他总是谦虚地说："这没什么，只不过是我一路坚持走来，最终苦尽甘来。"

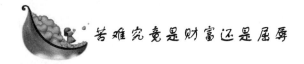

苦难究竟是财富还是屈辱

有一天，英国首相丘吉尔参加了各界精英的一次聚会。会上，英国著名的汽车商约翰·艾顿向丘吉尔讲述了自己的过去：

约翰·艾顿出生在一个偏远的小镇，父母早逝，是姐姐靠帮人洗衣服、干家务等挣钱，辛辛苦苦地将他抚育成人。但姐姐出嫁后，姐夫将他撵到了舅舅家，舅妈更是刻薄，在他读书时，每天只能吃一顿饱饭，还得收拾马厩和修剪草坪。刚工作当学徒时，他根本租不起房子，有将近一年多时间是躲在郊外一处废旧的仓库里睡觉……

丘吉尔听完后，觉得很惊讶，于是好奇地问："我们是好朋友，以前怎么从来没有听你说过这些事情？"

艾顿笑着回答说："这有什么好说的呢？正在受苦或正在摆脱受苦的人是不应该过早诉苦的。"

"为什么？"丘吉尔问。

艾顿接着解释道："将苦难变成财富是有条件的，这个条件就是，你战胜了苦难并远离苦难，不再受苦。只有在这时，苦难才是值得骄傲的一笔人生财富。只有在这时，讲述自己经历的苦难，别人才不会觉得是弱者念苦经，而会觉得你意志坚强，值得敬重。但是，如果还在苦难之中挣扎，还没有摆脱苦难的纠缠，你能说什么呢？在这个时候，能说自己在苦难中锻炼了品质、学会了坚韧吗？如果真的说这些，在别人听来，只会觉得你是在玩自我麻醉的精神胜利法，甚至是会认为你是在请求怜悯。"

丘吉尔听完艾顿的一席话，深受启发。他对苦难究竟是财富还是屈辱，有了全新的理解。他在自传中这样写道："苦难的果实，可能是财富，也可能是屈辱。当你战胜了苦难时，它就是你的财富；可当苦难战胜了你时，它就是你的屈辱。"

于是，丘吉尔用"战胜苦难"的信条，取代了过去"热爱苦难"的信条。

澳门大富豪何鸿燊年幼时突然家道中落，何鸿燊无法接受但又不得不面对这冷酷的现实。想当初，衣食无忧，进出都有仆人侍候。现在父亲哥哥流亡南洋，家居陋室，空空荡荡，没有当家人，仿佛天都塌了。这一切都压在母亲柔弱的肩上，母亲和姐姐常为柴米油盐的事小声嘀咕，一家人忧柴忧米、忧穿忧用，这种情绪也传染给了年纪最小的何鸿燊，他常常担忧老鼠偷米，第二天没有米下锅，上不成学。

晚上睡在硬板床上，望着母亲忧郁的神色和简陋的家具用具，他的脑海里就浮现出富丽堂皇的洋房、餐桌上的美味佳肴、成群的奴仆。他那时还傻想，如果父亲和哥哥回来，就会把荣华富贵带回来。何鸿燊最不堪忍受的，是原来那些亲戚见何家财大势大，见了何家人总是低眉顺首、恭恭敬敬。现在他们对何鸿燊一家避而远之，见到何鸿燊还摆架子，甚至百般嘲弄。

有这样一件事情：一次，何鸿燊牙齿蛀烂，需要补牙。正好他家一个亲戚是牙医，过去一直走动，每次来何家都要逗何鸿燊开心。何鸿燊就去他的牙科诊所，做牙齿的亲戚正闲着，却跷着二郎腿坐在旋转椅上没有起身，爱理不理的。

"你来这里做什么？""我的牙坏了，想补牙。""那你身上有钱吗？""没有钱。"牙医亲戚笑起来。何鸿燊不懂世事，不知他为什么问这些。以前何鸿燊来他诊所玩，他主动给何鸿燊检查牙齿，还说了许多保护牙齿的知识，从来没有提过钱的事。何鸿燊正纳闷，牙医亲戚怪声怪气地说道："没有钱就走吧，补什么牙？干脆把牙齿全部拔掉算了。"何鸿燊瞠目结舌，想不到亲戚会变成这个样子！何鸿燊不禁泪如泉涌，扭头就走。回到家里后，他向母亲哭诉。母亲也伤心地流泪，母子俩抱头痛哭。这件事给何鸿燊的刺激非常大，使他从富家子弟的旧梦中彻底清醒过来。多年以后，成为巨富的何鸿燊回忆辛酸的往事，仍恨得咬牙切齿："想不到人穷，亲戚便如此势利！"经过家境变故后，何鸿燊一家人都感觉到人情冷暖，母亲更是终日以泪洗面。何鸿燊于是下定决心要争一口气！父亲破产之前，何鸿燊在香港名校——皇仁书院读书。他是出名的公子哥，淘气的把戏没人比得过他，读书就大为逊色，因为学业太差，被分在差生班D班。过去家中富有，成绩再差也可以读下去。现在家里朝不保夕，仅靠母亲打工赚取微薄的生活费，哪里还有余钱为儿子交学费。

一天，母亲把何鸿燊叫到跟前，郑重其事地指出两条路供他选择：一是退学，帮家里赚钱，二是靠拿好成绩获取奖学金，否则，家里无法保证昂贵的学费。何鸿燊不禁想起做牙医的亲戚，想起了

185

家庭变故，便选择了第二条路。家穷促使他早熟，他明白穷人只有靠读书方可出头。何鸿燊发愤苦读，到学期末，成绩居 D 班第一，这个成绩在 A 班也能排中上水平。何鸿燊如愿以偿获得了奖学金，开创了皇仁书院 D 班获奖学金的纪录。以后，何鸿燊年年都会获得奖学金。

要想得到一些东西，我们就必须先学会面对、付出。正如俗话所说，一分耕耘，一分收获。当然，有些付出难免是苦涩的，但也正因为付出是苦涩的，那么收获才让人倍感甘甜。人生就是酸甜苦辣的百味瓶，你不可能一路走来都是含着蜜糖的。生活的真谛便是有苦有甜，先苦再甜，吃甜忆苦才是不断交叉的两种人生状态。苦不尽，哪会有甘来？只有用这条人生哲理时刻鞭策自己忍受磨难，不断前进，甘甜的生活才会在不久显现。

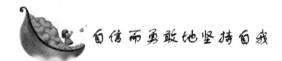

自信而勇敢地坚持自我

有能力、有优势只是成功的条件之一。当面对自己的不足时，当听到他人的否定时，拿出勇气勇敢地一路走下去，这才是最好的办法。起码这证明了你有一个良好的心态，不放弃自己，有坚持到底的毅力。

公司里年轻人多，哼上几句流行歌曲是同事们的最爱。我也是一个追星族，对各种流行歌曲爱得欲罢不能。不过，我是那种五音不全的女孩子，只能在独处时将变调的歌儿唱给自己。

最近，公司接待一位中国台湾来的客户。老总决定让所有人员倾巢而出，在市内最高级的歌厅给客户接风。出发之前，公司的男同事纷纷开始选取当晚的演唱曲目，大有"歌不惊人誓不休"的架势。当他们问我准备了什么时，我的脑子里一片茫然，并不曾想自己也要"献丑"。中国台湾客户是一位年轻有为的男士，对公司请他去唱卡拉 OK 的安排比较满意。客户的嗓音非常棒，简直可以赛过巨星王力宏。听到我的夸奖，客户顺水推舟地说："那黄小姐的歌喉一定像张惠妹一样出色。"我只是礼貌地说自己不善唱歌,还是听我的同事们唱吧。

一帮男同事开开心心地放声歌唱后,连我们老总都上去试了一把。这时,所有的人都把期待的眼光转到全场唯一的女孩子我的身上。我知道,再继续拒绝显然是不合适的。于是,在申明自己五音不全会制造噪音后,我选了一首萧亚轩的情歌。

当我放开嗓音去唱的时候,我偷偷环顾四周,发现老总和中国台湾客户的眉头不经意地皱了一下。由于过度紧张,我这次的发音比以前任何一次都差劲。刚才还陶醉在曼妙音乐中的男同事闹开了锅,易辉还口无遮拦地说:"求求你别唱了,弄不好不知情的人还以为咱们虐待你。"说完,其他男同事一起哄笑开了,老总也做了个阻止的手势。

伴奏还在继续,我不准备就此停下我的歌声。"请听我唱完这首歌。"在被奚落后,我变得更加坚定。我知道我的歌不是当晚最好的一次表演,但是我要用我的坚持维护我的尊严。最后,只有中国台湾客户给了我掌声。

中国台湾客户离开的时候,留给老总一句话:"贵公司的黄小姐不卑不亢,能够坚持自己所追求的东西,我希望她能作为我们合作项目的负责人,希望老总大人成全。"我出乎意料地得到了重用,而这一切只因为不会唱歌的我,在嘘声中坚持唱完了一首歌。

当你自信而勇敢地坚持自我之后,他人的嘘声定会变成一片喝彩。

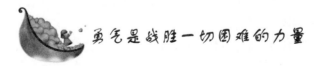

勇气是战胜一切困难的力量

俄国诗人普希金说:"勇敢是人类美德的高峰。"英国哲学家培根说:"如果问在人生中最重要的才能是什么?那么回答则是:第一,无所畏惧;第二,无所畏惧;第三,还是无所畏惧。"可见,勇气是人类战胜一切困难的力量,勇气是成为一个优秀的人的必备条件。如果一个人没有了勇气，就永远只是纸上谈兵的空想家，只能像蜗牛一样很难爬出背上的家园。勇敢地走出困难，就能迎来生命的精彩。

一座泥像立在路边，历经着风吹雨打。

它很想找个地方避避风雨，然而它动弹不得，更无法呼喊。它太羡慕人类了，它觉得做一个人真好，可以无忧无虑、自由自在地到处奔跑。它决定抓住一切机会，向人类呼救。

有一天，一位长髯老者路过此地，泥像用它独有的神情向老人发出呼救。"老人家，请让我变成个人吧！"泥像说。长髯老者看了看泥像，微微笑了笑，然后长袖一挥，泥像果然立刻变成了一个活生生的青年。

"你要想变成个人可以，但是你须先跟我试走一下人生之路，假如你承受不了人生的痛苦，那么我马上会把你还原。"老者说。

于是，青年跟随老者来到了一个悬崖边。

只见两座悬崖遥遥相对，此崖为"生"，彼崖为"死"，中间由一条长长的铁索桥连接着。而这座铁索桥，又由大大小小的铁环组成。

"现在，请你从此岸走到彼岸吧！"老者长袖一拂，青年已经来到了铁索桥上。

青年战战兢兢，踩着一个个大小不同的链环的边缘小心地前进着，突然，他的脚下一滑，一下子跌进了一个链环之中，顿时两脚悬空，胸部也被链环死死地卡住，几乎透不过气来。

"啊，好痛啊！快救命啊！"青年挥舞着双臂，大声喊救命。

"请君自救吧！在这条路上，能够救你的，只有你自己。"长髯老者微笑着说。

青年得不到帮助，只好拼命地扭动着身躯，奋力挣扎，好不容易才从这痛苦的铁环中挣扎出来。

"这是什么铁环，为什么卡得我如此痛苦？"青年愤愤道。

"它叫名利之环。"脚下的铁链答道。

青年继续朝前走。隐约间，一个绝色美女朝青年嫣然一笑，然后又飘然离去，不见了踪影。青年这一走神，脚下又是一滑，又跌

人一个环中，被死死卡住。

"救……救命啊！好痛啊！"青年忍不住再次求救。可是四周一片寂静，没有人回应他，也没一个人来救他。

这时，长髯老者再次出现，对他微笑着缓缓道："这条路上没有人可以救你，你只能自救。"

青年无奈，只能拼尽全力自救，好不容易才从这个环中挣扎了出来。此时他已经精疲力竭，他小心地坐在两个链环间喘息。

"刚才这又是什么环呢？"青年在琢磨。

"它叫美色链环。"脚下的铁链答道。

经过一阵休息，青年才觉神清气爽，心中充满了幸福愉快的感觉，他在为自己能够从链环中挣扎出来而庆幸。

青年继续赶路。然而料想不到的是，他接着又掉进了贪欲链环、嫉妒链环、仇恨链环……待他从这一个个痛苦的链环之中挣扎出来时，青年已经疲惫得不成样子了。他抬头望去，看到前面还有望不到尽头的漫漫长路，他再也没有勇气继续走下去了。

"老人家！老人家！我不想再走人生之路了，你还是让我回到从前吧！"青年痛苦地呼唤着。

长髯老者再次出现，他长袖一挥，青年又回到了路边。

"人生虽然有许多痛苦，但也有战胜痛苦之后的欢乐和轻松，你难道真的想放弃人生吗？"长髯老者问道。

"人生之路痛苦太多，欢乐跟愉快太短暂太少了，我决定放弃人生，还做我的泥像。"青年毫不犹豫地回答。

"走人生之路是一个机会，也是你改变泥像命运的唯一一次机会……既然如此……好吧！"长髯老者欲言又止。

"我就做泥像！"青年不假思索地说。

这时，长髯老者平静而又仔细地看了青年一眼，只见他长袖一挥，青年又还原为一尊泥像。

"我又可以在这里看风景了，这也很不错嘛，我从此再也不必遭受人世间的痛苦了！"泥像这样想着。

然而不久，一场大雨袭来，泥像当场便被雨水冲成了一堆烂泥……

第九章　笑傲苦难——梦想可以照亮现实

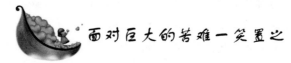

面对巨大的苦难一笑置之

25 岁时，他立志做第一流的作家，每天辛苦写作，但所写的稿件全部被退回。随后的 3 年时间里，他一共写出 1 个长篇、18 个短篇和 130 首诗，不幸的是，妻子把他装有全部手稿的手提箱弄丢了。

29 岁，他的第一部著作出版，这部只印了 300 册的书没有在社会上产生任何影响。这时，他穷困潦倒，妻子也带着儿子离开了他。

事业无望，家庭破碎，经济窘困，一般人遇到这种情况可能会一蹶不振，但他没有。虽然每一次的尝试带来的都是失败，但他仍然没有放弃新的尝试。因为他相信只要用平常心面对失败，并且不害怕失败，上天对每一个人都是公平的，自己的付出会得到应有的回报。

第二年，他尝试用一种新的文学体裁创作了长篇小说《太阳照常升起》，引起各方的好评。这以后，他继续尝试不同风格和题材的文学作品，佳作不断问世：《永别了，武器》成为 20 世纪 20 年代的经典之作，《乞力马扎罗的雪》也是 20 世纪最成功的短篇小说之一，直到《老人与海》——这部世界文学宝库中的珍品问世，他终于实现了 20 岁时的梦想——做世界一流的作家。

1954 年，他凭借在文学上的突出贡献，荣获了诺贝尔文学奖。

他，就是海明威。面对他人的嘲笑、不理解和亲人的背叛，他总是以一笑置之而对待，最后他才有了今天的成功。

面对巨大的苦难，他人的不解、离弃，海明威没有抱怨、愤怒，而是采取了一笑置之的迂回做法，让自己摆脱了困境的泥潭，最终使自己走向成功。一笑置之，不是对人或事冷漠，而是对自己及他人的一种宽容与理解，也是自我放松心灵、解脱羁绊的自嘲之法。

经历风雨后，总有阳光迎接你

人在旅途，难免会遭遇一些羁绊与坎坷，但经历风雨后，总会有阳光迎接你。所以，我们要时时抱着乐观的心态，而不是面对眼前的痛苦就灰心丧志。要明白，失败不是人生的全部内容，它只不过是人生中的一段简短的小插曲而已。虽然机遇总是飘忽不定，有时看似还很遥远，但只要我们多一些韧劲，坚持不懈地努力拼搏，并以乐观的态度待之，那份阳光终会属于我们！

自从上学以后，乔伊就成为同学们嘲弄的对象。也难怪，放学后，别的18岁的男孩子都进行篮球、棒球这些"男子汉"的运动，可乔伊却要去学小提琴！这都是因为他的母亲望子成龙心切。在那个年代，黑人还很受歧视，他的母亲希望儿子能通过某种特长改变命运，所以从小就送乔伊去学琴。那时候，对于一个普通家庭来说，每周50美分的学费可是笔不小的开销，但老师说乔伊有天赋，乔伊的妈妈觉得为了孩子的将来，省吃俭用也值得。

但他的同学不明白这些，他们给乔伊取外号叫"娘娘腔"。一天乔伊实在忍无可忍，就用小提琴狠狠地砸向取笑他的家伙。一片混乱中，只听"咔嚓"一声，小提琴裂成了两半儿——这可是他的母亲节衣缩食为他买的。泪水在乔伊的眼眶里打转，周围的人一哄而散，边跑边叫："娘娘腔，拨琴弦的小姑娘……"只有一个同学既没跑，也没笑，他叫瑟斯顿。

别看瑟斯顿长得比同龄人高大魁梧，一脸凶相，其实他是个热心肠的好人。虽然瑟斯顿还在上学，但他已经是当时底特律"金手套大赛"的卫冕冠军了。"你要想办法长出些肌肉来，这样他们才不敢欺负你。"他对沮丧的乔伊说。瑟斯顿不知道，他的这句话不但改变了乔伊的一生，甚至影响了美国一代人的观念。虽然日后瑟斯顿在拳坛没取得什么惊人的成就，但因为这句话，他的名字被载入了拳击史册。

当时，瑟斯顿的想法很简单，就是带乔伊去体育馆练拳击。乔伊抱着支离破碎的小提琴跟瑟斯顿来到了体育馆。"我可以先把旧鞋和拳击手套借给你，"瑟斯顿说，"不过，你得先租个衣箱。"租衣箱一周要50美分，乔伊口袋里只有妈妈给他这周学琴的50美分，不过琴已经坏了，也不可能马上修好，更别说去上课了。乔伊狠狠心租下了衣箱，把小提琴放了进去。

开头几天，瑟斯顿只教了乔伊几个简单的动作，让他反复练习。一个礼拜快结束时，瑟斯顿让乔伊到拳击台上来，试着跟他对打。没想到，才第三个回合，乔伊一个简单的直拳就把"金手套"瑟斯顿击倒了。爬起来后，瑟斯顿的第一句话就是："小子，把你的琴扔了!"

乔伊没有扔掉小提琴，但他发现自己更喜欢拳击，每周50美分的小提琴课学费成了拳击课的学费，他的母亲懊恼了一阵后，也只好听之任之。不久，乔伊开始参加比赛，渐渐崭露头角。为了不让妈妈为他担心，乔伊悄悄把名字改成了"乔治"。

5年以后，23岁的乔治已经成了重量级世界拳王。1938年，他击败了德国拳手施姆林，当时德国在纳粹统治之下，因此乔治的胜利意义更加重大，他成了反法西斯者心中的英雄。但他的母亲一直不知道人们说的那个黑人英雄就是自己"不成器"的儿子。

第十章　战胜厄运——梦想让你无所不能

　　只要坚持努力，有很多绝望完全可以转化为希望。重要的不是发生了什么不幸，而是怎样改变不幸。而要改变不幸，首先要改变自己。

 ## 用金牌证明自己的实力

罗马尼亚体操小将拉杜坎在悉尼奥运会上经历了人生的"极乐"和"极悲"——因服用感冒药尿检呈阳性，女子全能的金牌得而复失。

当拉杜坎从悉尼回到祖国的时候，成千上万的罗马尼亚人赶到机场迎接她。在一定意义上甚至可以说，对她的欢迎胜过对以往载誉归来的奥运会冠军的欢迎。罗马尼亚体操协会还专门为她仿制了一枚奥运金牌，而原来获女子全能第二名的队友阿马纳尔坚决拒绝接受本来应该属于拉杜坎的奥运金牌。

拉杜坎深情地说："很多人都来信鼓励我，政府和很多组织与我的队友和教练一样，都给了我巨大的支持，这使我重新积攒了力量。"

不错，祖国和人民的关怀，使遭遇厄运的拉杜坎更加热爱自己的祖国和人民，更加刻苦地为国旗在世界大赛上冉冉升起而拼搏。

两个多月过去了，拉杜坎已经完全从那场不幸的厄运中走了出来。在后来的世界杯体操总决赛中，她一人夺取了自由体操和平衡木两枚金牌，还夺取了高低杠的铜牌。

拉杜坎平静地说："噩梦终于结束了，我来这里就是想用我的水平和实力告诉整个世界，在悉尼奥运会上发生过的那一切是个错误。"

拉杜坎仍在继续努力，希望再次用奥运金牌证明自己的实力，再次为祖国争得荣誉。

其实，任何一个优秀的运动员，任何一个奥运会的金牌得主，都不可能是永远的冠军。不管拉杜坎能不能再次夺取奥运金牌，她那种为了祖国的荣誉，以积极的心态对待厄运，不懈地追求更快、更高、更强的奥运精神，必将在奥运会的史册中永放光芒。

随着历史车轮的前进，各个领域多种多样的裁判规则将会日臻科学和完善，但是很难做到绝对公正，甚至还会出现错判。每个人面对形形色色的不公正或错判，最好的回答或选择就是：

不断地用金牌证明自己的实力！

驱散绝望，厄运打不垮信念

只要厄运打不垮信念，希望之光就会驱散绝望之云。

明朝末年时，史学家谈迁经过二十多年呕心沥血的写作，终于完成了明朝编年史——《国榷》。

面对这部可以流传千古的巨著，谈迁心中的喜悦可想而知。然而，他没有高兴多久，就发生了一件意想不到的事情。

一天夜里，小偷进他家偷东西，见到家徒四壁，无物可偷，以为锁在竹箱里的《国榷》原稿是值钱的财物，就把整个竹箱偷走了。从此，这些珍贵的稿子就下落不明。

二十多年的心血转眼之间化为乌有，这样的事情对任何人来说，都是致命的打击。对年过六十、两鬓已开始花白的谈迁来说，更是一个无情的重创。可是谈迁很快从痛苦中崛起，下定决心再次从头撰写这部史书。

谈迁继续奋斗了十年，又一部新的《国榷》诞生了。新写的《国榷》共一百零四卷，五百万字，内容比原先的那部还要更详实精彩。谈迁也因此留名青史、永垂不朽。

英国史学家卡莱尔也遭遇了类似谈迁的厄运。

卡莱尔经过多年的艰辛耕耘，终于完成了法国大革命史的全部文稿。他将这本巨著的底稿全部托付给自己最信赖的朋友米尔，请米尔提出宝贵的意见，以求文稿的进一步完善。

隔了几天，米尔脸色苍白、上气不接下气地跑来，万般无奈地向卡莱尔说出一个悲惨的消息：法国大革命史的底稿除了少数几张散页外，已经全被他家里的女佣当作废纸，丢进火炉里烧为灰烬了。

卡莱尔在突如其来的打击面前异常沮丧。当初他每写完一章，便随手把原来的笔记、草稿撕得粉碎。他呕心沥血撰写的这部法国大革命史，竟没有留下来任何可以挽回的记录。

但是，卡莱尔还是重新振作起来。他平静地说："这一切就像我把笔记簿拿给小学老师批改时，老师对我说：'不行！孩子，你一定要写得更好些！'"

他又买了一大叠稿纸，从头开始了又一次呕心沥血的写作。我们现在读到的法国大革命史，便是卡莱尔第二次写作的成果。

不错，当无事时，应像有事时那样谨慎；当有事时，应像无事时那样镇静。但在漫长的旅途中，实在是难以完全避免崎岖和坎坷。只要出现了一个结局，不管这结局是胜还是败，是幸运还是厄运，客观上都是一个崭新的"从头再来"。

1972年11月，吴华出生在我国湖北省的一个小城。她一出生就被认为智能不足，到3岁的时候才发现，原来并不是智障，而是失去了听力。后来，她被送到特殊学校学习。直到十几岁的时候，她才靠着助听器的帮助过上了较为正常的生活。就在人生刚有起色的时候，一次意外的车祸使她在医院躺了整整两年。

她不止一次几乎绝望地向苍天发问："为什么我的人生有如此不幸？"

但她更不止一次地告诫自己："天无绝人之路！我应当咬紧牙关，战胜困难，将绝望化为希望。"

后来，吴华恢复了健康，并交了男朋友。当人生再度有起色的时候，她又患了乳腺癌，先后割掉了两个乳房。

然而，纵有千般不如意，她还是越来越坚强，她坚信："天无绝人之路！我应当咬紧牙关，战胜困难，将绝望化为希望。"

有时候她母亲泪流满面地对她说："我真的感到很对不起你，把你生成这样。"

每当遇到这中情况，她总是安慰母亲："妈妈，你不必难过，正因为我遭遇了这些不幸，我才能将恐惧化为力量，将压力化为动力，将绝望化为希望；才能有别人不能有的收获；才能从战胜每一个困难中找到值得珍藏的礼物。"

现在，吴华已是我国社会学的一个著名学者。她活泼、幽默的性格，还有脱口而出的笑话，能让周围的每个人感受到她的快乐。不知情的人，谁都想不到她曾经历过那么多的坎坷与不幸。

肯尼与吴华相似，在人生的道路上，也遭遇过许许多多的坎坷与不幸。

1973年12月，肯尼出生在美国宾夕法尼亚州拉昆村。当母亲看到婴儿只有半截身体时，绝望了，哭得死去活来。做父亲的比较冷静，再三安慰妻子："我们要面对现实，不要绝望，生命还在，希望还在。"

肯尼1岁半的时候做了两次手术，腰以下的神经无法恢复，连坐都成了问题。医生却劝肯尼的母亲："凡事要尽量靠他自己的意志和能力去做。"

母亲接受了医生的忠告，尽量让肯尼料理自己的事情。数月后，肯尼竟奇迹般地坐了起来。不久，他开始尝试用双手走路。

肯尼开始上学了，每天都要装上重达6公斤的假肢和一截假胴体。坐着轮椅上厕所很不方便，每次都有同学帮助他。在这样的环境熏染下，加上几位老师的爱护，使肯尼的心灵得到极大的净化。他爱生命，爱身边的每一个人。

肯尼是个摄影迷，一有空他就挂上相机，摇轮椅到附近公园去。他一边给人拍照，一边说："你的眼睛真漂亮，等照片洗出来我要挂在房间里做装饰。"说得姑娘们喜滋滋的。他帮妈妈买东西，有时也替邻居洗车、剪草。这对一个没有下肢的人来说，要有多大的毅力啊！

如今，肯尼已经是加拿大的小影星了，他成功地主演了影片《小兄弟》。

1988年10月，肯尼去中国台湾访问，在金龙奖颁奖会上，他对记者说："我在生活中没有困难，遇到困难就和大家一样，找出方法解决，千方百计地将绝望化为希望。"

小镇上，几乎每个人都迷恋着肯尼。有个老太太每天都站在门口，就是为了多看他一眼。

为什么人们都迷恋只有半截身体的少年肯尼呢？

肯尼的邻居乔安说："每个人都有烦恼，但是只要看到肯尼，就

197

会觉得自己的烦恼是何等的渺小。"

还有一位邻居说："我们热爱肯尼，因为他是将绝望化为希望的榜样，提高了我们战胜困难的勇气。我们要像肯尼那样，对生活充满自信！"

是这样，只要坚持努力，有很多绝望完全可以转化为希望。重要的不是发生了什么不幸，而是怎样改变不幸。而要改变不幸，首先要改变自己。假如命运折断了希望的风帆，请不要绝望，岸还在；假如命运凋零了美丽的花瓣，请不要沉沦，春还在。生活总会有无尽的麻烦，请不要无奈，因为路还在，梦还在，阳光还在，我们还在。

面对挫败，并不是再也爬不起来

人要学会走路，也得学会摔跤，而且只有经过学会摔跤，他才能学会走路。

亚伯拉罕·林肯是美国历史上最伟大的总统之一。很多人往往知道他的胜利和辉煌，却不知道他的失败与艰辛，甚至误以为他是命运的宠儿。事实上，生下来就一贫如洗的林肯，几乎终其一生都在面对挫败。以下是他进驻白宫的历程简述：

1816 年，他的家人被赶出了居住的地方，他必须寻找工作以抚养家人。

1818 年，他母亲去世。

1831 年，他经商失败。

1832 年，他竞选州议员——落选了！

1832 年，他努力就读法学院，连工作也丢了，结果却是进不去。

1833 年，他向朋友借一些钱经商，但年底就破产了。接下来他花了 17 年时间，才把债还清。

1834 年，他再次竞选州议员——他赢了！

1835 年，他订婚后马上就要结婚时，未婚妻却不幸去世了，因

有梦想就有动力

此他的心也碎了！

1836 年，他的精神接近完全崩溃，卧病在床 6 个月。

1838 年，他争取成为州议员的发言人——没有成功。

1840 年，他争取成为选举人——失败了！

1843 年，他参加国会大选——落选了！

1846 年，他再次参加国会大选——当选了，前往华盛顿特区，表现得可圈可点。

1848 年，他寻求连任国会议员——失败了！

1849 年，他努力实现在自己的州内担任土地局长的职务——被拒绝了！

1854 年，他竞选美国参议员——落选了！

1856 年，他在党的全国代表大会上，争取副总统的提名——得票不到 100 张。

1858 年，他再度竞选美国参议员——又再度落败。

1860 年，他当选美国总统。

他八次竞选八次落败，两次经商两次失败，甚至还精神崩溃过一次。

好多次，他本可以放弃，但他并没有放弃。也正是因为他没有放弃，他后来才能成为美国历史上最伟大的总统之一。

亚伯拉罕·林肯在竞选参议员落败后，这样回顾了自己艰苦跋涉过的漫长泥泞之路："此路破败不堪又容易滑倒。我一只脚滑了一跤，另一只脚也因此而站不稳，但我回过气来告诉自己：'这不过是滑一跤，并不是死掉再也爬不起来了。'"

林肯激励自己永不退缩的这些话，讲出了一个普遍适用的人生哲理：滑一跤，并不是再也爬不起来了。

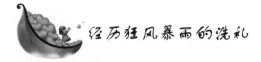

经历狂风暴雨的洗礼

《小妇人》的作者露易莎·梅艾尔卡特的亲人，曾希望她能找个

第十章　战胜厄运——梦想让你无所不能

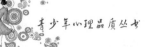

佣人或裁缝之类的工作。

理查·巴哈当年找过 18 家出版社发行他的万字励志小说《天地一沙鸥》，但全部被退回，最后由麦克米兰公司在 1970 年出版了这本书。1975 年，仅美国一地的销售量就已超过 700 万本。

理查·胡克花了 7 年时间，才完成以战地为背景的诙谐小说《M"A"S"H"》。跑了 21 家出版社后，才找到莫罗公司愿意为他出书。此书一发行，市场反应十分好，娱乐界立刻将此书改编为同名电影及电视剧，也获得强烈的反响。

劳柏·佛洛斯特是美国的最伟大的诗人之一，默默无闻、不被重视达二十年之久，卖掉第一册诗集时已三十九岁。现在，他的诗以二十二种语言文字出版，并赢得了普列策诗奖达四次之多。

在二次大战结束前，著名的 CBS 新闻播报员威廉·舒尔决定要从事专业写作。他在写作上花了十二年的时间，但不幸的是，他的书都卖得很差，连养家糊口都有困难。后来，他写了一本长达 1200 页的手稿，不管是他的经纪人、编辑、出版商或朋友，所有人都告诉他因为太长，稿件一定卖不出去，除了学者之外，不会有人对这本书有兴趣。但舒尔最后还是出了这本书，书价为十美元，是当时最贵的书。这本《第三帝国兴衰史》创造了出版史上的新篇章，此书的第一版在出版首日即售罄。在很长的一段时间里，它都是每月一书俱乐部中的知名畅销书。

电影舞星佛莱德·艾斯泰尔 1933 年到米高梅电影公司，首次试镜后，在场导演给他的纸上评语是："毫无演技，前额微秃，略懂跳舞。"后来艾斯泰尔将这张纸裱起来，挂在比佛利山庄的豪宅中。

当露西安娜·帕华洛蒂从大学毕业时，她不能确定自己应该当老师还是职业歌唱家。父亲告诉她："露西安娜，如果你想脚踏两只船，一定会掉下去的，你得选一个。"帕华洛蒂选了演唱。在她进行首次职业演出前，花了 7 年时间习艺，期间遭遇不少挫折。这次演出后又过了 7 年，她终于走上了大都会歌剧院的舞台。她选择了自己要踏的那条船，也的确成功了。

贝比·鲁斯是运动史上最伟大的棒球选手，也是家喻户晓的全垒打王，但他被三振的次数也是破纪录的多。

美国职业足球教练文斯·伦巴迪，当年曾被评价为"对足球只懂皮毛，缺乏斗志。"

史考特·皮彭得过四次美国职业篮赛 NBA 冠军戒指和两次奥运金牌，却没有得过任何大学授予的运动学位。最初在学院篮球队中，他的角色是装备经理。

美国连锁零售业大亨伍尔渥斯当年在食品店工作时，曾被老板指责不懂得招呼客人。

亨利·福特在发明第一辆车时，忘了把一颗反向的齿轮装进去，甚至他造车那个房子的门都不够大。如果你到绿田村来的话，还可以看到他在墙上挖了个洞，以便让车子出得去。亨利·福特在成功前曾多次失败，破产过 5 次。

华特·迪斯尼曾因缺乏想象力和创造力而被报社解雇。他回忆起早年的失败经历时说道："大约二十一岁时，我面临了此生第一次破产，我睡在一张从旧沙发拆下来的垫子上，每天吃罐头和冷豆子。"华德·迪斯尼当年建立迪斯尼乐园前也曾破产好几次。

哲学家苏格拉底曾被人贬为"让青年堕落的腐败者"。

很多人说亚伯特·爱因斯坦是世界上最聪明的人，他却说："月复一月，年复一年，我想了又想，但有 99 次的结论是错的，不过，第一百次总算对了。"

看看这些人就可以知道，不经过艰难困苦而一帆风顺地取得成功几乎是不可能的。几乎所有较大的成功，都是战胜了所谓的"不可能"之后才取得的。在别人藐视下取得成功是件了不起的事情，这不仅战胜了别人，而且战胜了自己。一个成功者和失败者的区别，往往不在于能力大小和想法好坏，而在于是否有勇气信赖自己的想法，在适当的程度上去冒险和行动。古往今来成大事者，不仅要有超世之才，而且要有坚韧不拔之志。

任何一朵成功的艳丽花朵，都是由奋斗的血汗、泪水培育的，都是经历了狂风暴雨的洗礼之后才绽放的。

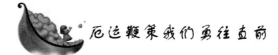
厄运鞭策我们勇往直前

人生难免遭受厄运和失败，没有谁会一辈子一帆风顺。真正的成功者很明白这一点，他们是从不言败的，失败对于他们来说只是暂时的厄运，他们会继续努力，直到赢回来。相反，如果一个人在失败后没有再次奋斗的勇气，那他就是真的输了。

美国著名电台广播员莎莉·拉菲尔在她30年的职业生涯中，曾经被辞退18次，可是她每次都放眼最高处，确立更远大的目标。

最初由于美国大部分的无线电台认为女性不能吸引观众，没有一家电台愿意雇用她。她好不容易在纽约的一家电台谋求到一份差事，可不久又遭辞退，说她跟不上时代。

莎莉并没有因此而灰心丧气。她总结了失败的教训之后，又向国家广播公司电台推销她的节目构想。电台勉强答应了，但提出要她先在政治台主持节目。

"我对政治所知不多，恐怕很难成功。"她也一度犹豫，但坚定的信心促使她大胆地去尝试。她对广播早已轻车熟路了，于是她利用自己的长处和平易近人的作风，大谈即将到来的7月4日国庆节对她自己有何种意义，还请观众打电话来畅谈他们的感受。听众立刻对这个节目产生兴趣，她也因此而一举成名了。

如今，莎莉·拉菲尔已经成为自办电视节目的主持人，曾两度获得重要的主持人奖项。她说："我被人辞退18次，我本来会被这些厄运吓退，做不成想做的事情。但结果相反，我让它们鞭策我勇往直前。"

公元前870年，荷马诞生于希腊境内小亚细亚的一个世袭贵族家庭，从小就受到了良好的教育。他在幼年时期无忧无虑，最倾心的是自然山水和神庙建筑。

就像俗话说的一样，天有不测风云，人有旦夕祸福，就在他风华正茂的少年时代，小亚细亚城邦发生了一场可怕的瘟疫，整整持

有梦想就有动力

续了半年多的时间，夺去了一批又一批患者的生命。荷马也不幸染上了瘟疫。父母赶紧请来了最好的医生为他诊治，生命虽然保住了，但荷马一双明亮的眼睛却永远地失去了光明。

在最初的黑暗日子里，荷马以及他的家人都陷进了痛苦的万丈深渊。其实，最痛苦的是母亲，但最先从万丈深渊中挣扎出来的也是母亲。母亲耐心地开导荷马："厄运是魔鬼，它夺走了你的光明。厄运也是天使，它是一座深不可测的宝藏。要在厄运中赶走魔鬼、拥抱天使，最重要的美德就是坚韧。世间有很多奇迹，都是在厄运中创造的。"在母亲的教诲下，荷马开始迎接厄运的挑战，朝气蓬勃地投入了新的生活。

有一天，母亲请来了一位会弹竖琴的行吟诗人，为荷马弹唱古代英雄的故事。这位行吟诗人的表演达到了炉火纯青的境界，荷马被优美的琴声和悲壮的故事感动得流下了热泪。

他当即请求母亲将这位行吟诗人留在家里，教自己吟诗弹琴，母亲满怀希望地答应了荷马的请求。

三年后，聪慧的荷马已经比较熟练地掌握了弹琴的技巧，并且学会了用诗歌来吟唱故事。他的琴声和歌声都极有魅力，很快就引起了人们的普遍关注。然而，时隔不久，那位行吟诗人却因为年老多病而离开了人世。

为了吟唱诗歌和收集古老的故事，17岁的荷马离家远行。从此，他风餐露宿，历尽千辛万苦，走遍了整个希腊的大地。在广泛收集民间故事的基础上，荷马用自己丰富的想象能力和非凡的文学才华，创作出了两部史诗：《伊利亚特》和《奥德赛》。

《伊利亚特》叙述的是希腊人因为绝代美女海伦而与特洛伊人展开的一场长达数十年的战争；《奥德赛》描写的是这场战争结束后，英雄奥德修斯漂泊回乡所经历的复仇之旅。这些故事将人们带到了壮美的爱情和严酷的战争之中，感动了成千上万的希腊人，使他们了解了自己先民的历史，并把一种英勇不屈的气质融入了民族的血液。正是这两部永留青史的辉煌史诗，被公认为是希腊文学的源头，对世界文学史的发展也产生了深远的影响。

幸运令人羡慕，但战胜厄运所创造的奇迹更令人赞叹。公元

1873 年，德国考古学海因利希·施尔曼在小亚细亚掘出了荷马史诗中所描写的特洛伊城，从而结束了人们长久以来有关荷马史诗的疑惑，彻底证实了荷马史诗的文学及史学价值。后来，欧洲的史学家们将荷马史诗所述说的历史时代（约公元前 11 世纪至公元前 9 世纪），称之为"荷马时代"。意大利著名诗人但丁对荷马有极高的评价，称之为"诗人之王"。

 磨难如风，人生没有笔直的路

人生没有笔直的路。即使是命运的宠儿，也不可能永远一帆风顺。

在辽阔的亚马逊平原上生活着一种鹰，叫"雕鹰"。它飞行时间之长、速度之快、动作之敏捷，都堪称鹰中之最，被它发现的小动物，一般都难以逃脱。当地人都亲切地称它为"飞行之王"。

不经一番风霜苦，那得梅花放清香。当一只"雕鹰"出生后，还没享受几天舒服日子，就必须开始接受母鹰近似残酷的充满血泪的悲壮训练。

第一步，在母鹰的帮助下，幼鹰不要多久，就能独自开始简单的低空飞翔。但这只是真正飞翔的初级阶段，因为这远远不能适应生存竞争、优胜劣汰的环境。幼鹰必须不辞辛苦、不知疲倦地继续成千上万次的飞翔训练。如若不然的话，就休想吃到母亲口中的食物。

第二步，母鹰把幼鹰带到高处，或带到参天大树上，或带到悬崖峭壁旁，然后狠心地把它们推下去。有的幼鹰因胆怯，被母亲活活地摔死。但母鹰绝不会因此而手软，更不会停止。因为母鹰深知不经过这样严酷的训练，孩子们根本不可能飞上高远的蓝天。如果没有高超的飞翔本领，那等待孩子们的命运，只能是因捕捉不到食物而饿死。

第三步，是更加残酷和恐怖的一步，那些被母鹰从高处推下并能胜利飞翔的幼鹰，将面临最关键最严峻的考验，母鹰残忍地折断这些幼鹰的大部分翅膀，然后再次将其从高处推下。有很多幼鹰，就是在此刻，因经受不住剧痛的折磨，而成了飞翔训练的牺牲品。但母鹰依然不会停止这血淋淋的训练，因为它眼中虽然有无尽的悲伤和痛苦的泪水，但更有孩子们的希望、未来和蓝天。

原来，母鹰"残忍"地折断幼鹰的大部分翅膀。正是为了让其长出能够适应在广袤天空中自由翱翔的崭新翅膀。幼鹰翅膀的骨骼再生能力极强，只要在被折断后能忍着剧痛不停地展翅飞翔，使翅膀不断地充血，不久便能痊愈。痊愈后的翅膀则似凤凰涅槃一样，将变得更加强健有力。如果经不起这样的考验，幼鹰也就永远与蓝天无缘了，更不要说成为"飞行之王"了。

有的猎人曾动过恻隐之心，偷偷地把一些还没来得及被母鹰折断翅膀的幼鹰带回家里喂养。但后来猎人发现，所有被喂养大的"雕鹰"比鸡强不了太多，也就只能飞过房屋那么高便要落下来。因为，那两米多长的翅膀已成为飞翔的累赘。

人的成长何尝不是如此。在顺境中成才，只要有足够的天赋和良好的教育就差不多了；在逆境中成才，特别需要有坚韧不拔、百折不挠的意志。对于一个意志坚强的人来说，逆境阻挡不了他成才的趋势，却能增加他在成才之路上的迷人风采。

人的成长有一个规律，经常是从顺境中学得少，从逆境中学得多。诚如孟子所言："天将降大任于斯人也，必先苦其心志，劳其筋骨，饿其体肤，空乏其身，行拂乱其所为，所以动心忍性，增益其所不能。"人的容颜往往与逆境或磨难成反比，人的魅力往往与逆境或磨难成正比。

有一个黑人小姑娘，在家中的 22 个孩子中排行 20。她是早产儿，出生时险些丧命。4 岁时，她患了肺炎和猩红热，左腿因此而瘫痪。9 岁时，她努力脱离金属腿部支架独立行走。到 13 岁时，她已经可以像正常人一样走路，医生认为这是一个奇迹。同年，她立志成为一名田径运动员。她参加了第一场比赛，结果是最后一名。随后的几年，她相继参加了许多场比赛，一直都是名落孙山。这时，几乎所有人都劝她放弃，但她还是坚持不懈地练着、跑着。直到有一天，她赢得了第一场比赛。此后，她时来运转，胜利不断，可以说是捷报频传。

这个黑人小姑娘就是被誉为"黑色瞪羚"的威尔玛·鲁道夫，3枚奥运金牌的获得者。

一位主宰考生命运的面试官拒绝了一个年轻人的请求，说他的嗓音不符合演员的要求。他还告诉年轻人，他的名字太长，令人生厌，永远也不可能成名。

这个年轻人就是后来印度电影界的"千年影帝"——阿穆布·巴克强。

1940年，一位年轻的发明家切斯特·卡尔森带着他的专利走了20多家公司，包括一些世界知名的大公司，它们无一例外地拒绝了他。1947年，在他被拒绝7年之后，纽约罗彻斯特一家小公司终于肯购买他的专利——静电复印。

这家小公司就是后来赫赫有名的施乐公司。

1944年，"名人录"模特公司的主管埃米琳·斯尼沃利对一个梦想成为模特的女孩——诺马·简·贝克说："你最好去找一个秘书的工作，或者干脆早点嫁人算了。"

这个女孩就是后来家喻户晓的大明星，其艺名叫做玛丽莲·梦露。

1954年，"乡村大剧院"旗下的一名歌手首次演出之后就被开除了。老板吉米·丹尼对他说："小子，你哪儿也别去了，回家开卡车去吧。"

这名歌手名叫艾尔维斯·普雷斯利，后来他的歌声影响了世界歌坛，其绰号叫"猫王"。

1962年，4个初出茅庐的年轻音乐人紧张地为"台卡"唱片公司的负责人演唱他们新写的歌曲。该公司的负责人对他们的演唱根本不感兴趣，毫不留情地拒绝了他们发行唱片的请求。其中的一位甚至还说："我们不喜欢他们的声音，吉他组合很快就会退出历史舞台。"

这4个人后来成为经久不衰的音乐组合，其名字叫做"披头士"。

有人问，为什么他们都摆脱了厄运，走向了辉煌？

有人说，因为磨难是人生的财富。

也有人说，上面这话说对了一半。另一半是如果磨难被你战胜了，它就是财富；如果磨难战胜了你，它就是灾难。

不错，磨难如风，它可以是浪的帮凶，把你葬入大海的深处，也可以是帆的助手，把你推向成功的彼岸。

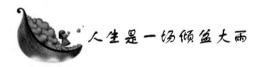
人生是一场倾盆大雨

人生是一场倾盆大雨，命运则是一把漏洞百出的雨伞，爱是最好的补丁。

"我的父亲是一个了不起的人……"

庄严肃穆的葬礼上，亚伦脸上溢满了悲伤，满怀深情地为父亲致悼词，总结父亲光辉的一生。父亲生前是个受人尊敬的人，从四面八方赶来参加葬礼的亲朋好友无不沉浸在悲痛之中。作为长子，亚伦希望以最完美的方式，与父亲做最后的告别。光为了这篇悼词，他就精心准备了好几天，还没来得及念完，却被意外打断。

一个神秘来宾突然出现在葬礼上，并且带来了一个惊人的秘密，一旦公开，足以让死去的父亲身败名裂。为了保住父亲最后的脸面，亚伦和弟弟莱安不得不铤而走险，想帮助父亲把这个秘密永远带进棺材。不料阴差阳错，意外接踵而至，一大群人被弄得上蹿下跳，庄严的葬礼最终变成了一出闹剧。

每一个生命的离去，都是一出悲剧。美国电影《葬礼上的死亡》，却把悲剧拍成了喜剧，的确别开生面。编剧克雷格解释说这个故事的灵感，来自于自己的亲身经历。几年前，克雷格的祖父不幸去世，本以为这是最悲痛的一天，可是，随着久未见面的亲友挨个来到葬礼现场后，气氛就变了。

"下次葬礼再见！"当葬礼好不容易结束，亚伦送别弟弟莱安时，很自然地说出了这句话。这个黑色幽默，冷峻地折射出现代人的亲情疏离，一个人的逝去，变成了一群活人的聚会。谁又能想到，这样难得的见面机会，居然事故百出。

那个静静地躺在棺材中，曾经受人景仰的父亲，在人生最后一次谢幕时，却被发现有不可告人的秘密。所有人都感到震惊、难堪，无法接受。然而，那些赶来参加葬礼的人，褪去了华丽的外衣，又有哪一个是完美无缺的？

弟弟莱安是个受人崇拜的作家，外表光鲜，实际上负债累累，连父亲的葬礼费都分担不起。哥哥亚伦也热爱写作，花了 3 年写出一部小说，没有机会出版，还成了别人的笑料，他不认真总结失败，却暗中嫉妒弟弟的才华。年轻的律师奥斯卡本想趁参加葬礼的机会，在未来的岳父面前好好表现一番，不料误吃了迷幻药，洋相百出……

每个人都有一卡车的难题，每个人都有不为人知的一面。前不久，刚好读了季承写的《我和父亲季羡林》。谁能想到，名满天下、受人景仰的国学大师，在儿子季承的眼中竟是一个"孤独、寂寞、吝啬、无情的文人"。

季羡林生命中最重要的是书，其次是猫。他收养了许多流浪猫，猫可以在他头上乱蹿，可以肆无忌惮地在他的书稿上撒尿，但是季承和姐姐从来不敢动他书房里的一样东西，甚至一辈子没问父亲借过一本书。在季承的记忆里，父亲从来没有抱过他，没有拉过他的手，摸一下头就是最亲昵的举动，对姐姐也是一样。

在季羡林的心目中，儿子甚至不如一盆花重要。有一次，季承从父亲书房里搬走了一盆君子兰，他居然大发雷霆，要把儿子赶出家门。季羡林与妻子同样感情淡漠，形同路人，两人常年分居，只是勉强维系着有名无实的夫妻名分。季承说父亲不是没有感情的需要，只不过他把全都感情寄托在了猫身上。

这本书出版后，引起无数争议。许多人被季承的坦诚所感动，也有人认为，他是靠出卖父亲的隐私赚钱。季承说："我只是想告诉大家一个真实完整的季羡林，父亲不是完美无缺的人，大家对他了解越多，就会理解更多，我们依然崇敬和爱戴他。"

最完美的人，只有当他死后，出现在他的悼词中。在《葬礼上的死亡》中，亚伦的父亲本来也会以这种方式告别，然而命运跟他开了最后一个玩笑。

影片结尾，当秘密被捅穿，亚伦撕掉了精心构思的完美悼词，动情地说道："我的父亲犯过错吗？是的。但他为家庭操劳了一辈子，今天我要告诉他，我们有多么爱戴、怀念和尊敬他。人生是复杂的，当你们今天离开这里时，我希望你们记住我父亲真正的形象，一个充满爱、善良和风度的男人……"

父亲并非完美无缺，但依然是一个了不起的人。这是一部严肃的喜剧，当最真实的父亲完整地呈现在众人面前时，恰恰成为全片的最高潮，每个人都为之感动。

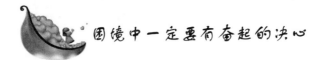

困境中一定要有奋起的决心

不在困境中低头，只要有奋起的信念与意志，就能迎来生命的转机。前进的路上，记得带上决心一路前行。

琼斯在年轻时身体很健康，工作十分努力，经营一个小农场，但他好像不能使他的农场生产出比他的家庭所需要的多得多的产品。

这样的生活年复一年地过着，直到有一天琼斯突然患了全身麻痹症，卧床不起，而这时他已是晚年，几乎失去了生活能力。他的亲戚们都确信他将永远成为一个失去希望、失去幸福的病人，他不可能再有什么作为了。但这时的琼斯并没有因为这样就放弃了对生活的追求，他要成为有用的人，他要供养他的家庭，而不是成为家庭的负担。于是他就努力地学习。

直到有一天，他把家人都叫到了面前，郑重地告诉他们："我再不能用我的手劳动了，所以我决定用我的脑子从事劳动。如果你们愿意的话，你们每个人都可以是我的手、脚和身体。让我们把农场每一亩耕地都种上玉米，然后用所收获的玉米喂猪。在猪还小的时候，我们就把它宰掉，做成香肠，然后起个好听的名字，把它销售出去。我们可以在全国各地的零售店出售这种香肠。"他笑着说道：

"这种香肠将像热糕点一样受人喜爱。"

这种香肠确实像热糕点一样受人喜爱！几年后，"琼斯仔猪香肠"竟成了家庭生活的必备品。琼斯积极的生活态度为他带来了事业的成功。

有梦想就有动力

210

第十一章　挑战失败——梦想成真的人生法则

　　一个人成长的过程，是一个不断在失败中寻找与把握机会的过程。没有失败就无所谓成功，没有遭遇过挫折和失败的人生是不丰富的人生，就像白开水，纯净却没有味道。

在失败中寻找与把握机会

一个人成长的过程，是一个不断在失败中寻找与把握机会的过程。没有失败就无所谓成功，没有遭遇过挫折和失败的人生是不丰富的人生，就像白开水，纯净却没有味道。一个人是否活得丰富，不能看他的年龄，而要看他生命的过程是否多彩，还要看他在体验生命的过程中能否把握住机会。

人生的机会通常是有伪装的，它们穿着可怕的外衣来到你的身边，大多数人会避之不及，但那些具备独特素质的人却能看到其本质并抓住它们。这些素质中最重要的就是承受失败的能力和勇气。我在自己的生命历程中遭遇了很多次失败，但也正是这些失败及其背后隐藏的机会最后成就了我。最终，我懂得了一个道理，就是藏在失败背后的机会也许是最好的机会，这也使我进一步增强了坚强面对失败的勇气。到后来，坦然面对挫折和失败便成了我的一种常态，在失败面前，我会不断激发自己的斗志，就像高尔基在《海燕》中所说的那样："让暴风雨（失败）来得更猛烈些吧！"

下面我来讲述对我生命有转折意义的两次失败。

第一次是我的高考。我在一篇文章中讲过我高考的故事，那时的我并没有远大的志向，作为一个农民的孩子，离开农村到城市生活就是我的梦想，而高考在当时是离开农村的唯一出路。但是由于知识基础薄弱等原因，我第一次高考失败得很惨，英语才得了33分；第二年我又考了一次，英语得了55分，依然是名落孙山。我坚持考了第三年，最终考进了北大。这里我想说明的是两点：第一点是坚持的重要，因为无视失败的坚持是成功的基础，第二点就是能力和目标成正比，能力增加了，人生目标自然就提高了。我一开始并没有想考北大，师范大专是我的最高目标，但高考分数上去了，自然就进了北大。这算是我第一次体会到失败和成功交织的滋味。

我的另一次刻骨铭心的失败是我的留学梦的破灭。20 世纪 80 年代末，中国出现了留学热潮，我的很多同学和朋友都相继出国。我在家庭和社会的压力下也开始动心。1988 年我托福考了高分，但就在我全力以赴为出国而奋斗时，动荡的 1989 年导致美国对中国紧缩留学政策。以后的两年，中国赴美留学人数大减，再加上我在北大学习成绩并不算优秀，赴美留学的梦想在努力了三年半后付诸东流，一起逝去的还有我所有的积蓄。为了谋生，我到北大外面去兼课教书，因触犯北大的利益而被记过处分。

为了挽救颜面我不得不离开北大，生命和前途似乎都到了暗无天日的地步，但正是这些折磨使我找到了新的机会。尽管留学失败，我却对出国考试和出国流程了如指掌；尽管没有面子在北大待下去，我反而因此对培训行业越来越熟悉。正是这些，帮助我抓住了个人生命中最大的一次机会——创办了北京新东方学校。

一个人可以从生命的磨难和失败中成长，正像腐朽的土壤中可以生长鲜活的植物。土壤也许腐朽，但它可以为植物提供营养；失败固然可惜，但它可以磨炼我们的智慧和勇气，进而创造更多的机会。只有当我们能够以平和的心态面对失败和考验，我们才能成熟、收获。而那些失败和挫折，都将成为生命中的无价之宝，值得我们永远收藏在记忆深处。

人生会经历大大小小、许许多多的失败和挫折，这些失败和挫折不断地沉积，造就了孕育我们成功的沃土。失败给予我们教训，开发我们的智慧，激励我们的勇气，这些是成功生长的养分。不断地失败，不断地汲取，我们最终会收获成功。

 从错误中吸取经验完善自己

错误不可避免，犯错误也不可怕，可怕的是有的人一味躲避错误，故步自封。有的人怕犯错误，半途而废或裹足不前，这些人都是愚蠢的。聪明人会把犯错当作一种经验，他们擅长从错误中吸取经验不断完善自己，因此成功也将属于他们。

213

生命应该是多彩的，因为它只有一次。因此，我们应该为自己的理想而奋斗不息，哪怕在奋斗的过程中犯下这样或那样的错误。因为在探索的道路上犯错是难免的，然而因为惧怕犯错而裹足不前的人，只能给自己留下一个空白的人生，带走长长的遗憾。

有一位著名的生物学权威教授拉塞特，看到生物学的著述都错误百出，于是教授宣称他将出版一本内容绝无错误的生物学巨著。

经过一段时间，在众人的引颈期待中，拉塞特教授的生物学巨著终于出版了，书名叫做《夏威夷毒蛇图鉴》。许多钻研生物学的人迫不及待地想一睹这本号称"内容绝无错误"的生物学巨著。

但每个人拿到这本新书的人，在翻开书页的时候，都不禁为之一怔，每个人几乎不约而同地急忙翻遍全书，而看完整本书后，每个人的感觉也全都相同，脸上的表情亦是同样的惊愕。

原来整本的《夏威夷毒蛇图鉴》，除了封面几个大标题的大字之外，内页全部是空白。也就是说，整本《夏威夷毒蛇图鉴》里，全都是白纸。

大批记者涌进拉塞特教授任职的研究所，七嘴八舌地争相访问教授，想弄清楚这究竟是怎么一回事。

面对记者的镁光灯，拉塞特教授轻松自如地回答："对生物学稍有研究的人都知道，夏威夷根本没有毒蛇，所以当然是空白的。"

拉塞特教授充满智慧的双眼，闪烁着奇特的光芒，继续道："既然整本书是空白的，当然就不会有任何错误了，所以我说这是一本有史以来唯一没有错误的生物学巨著。"

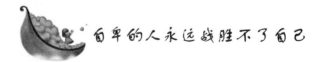

自卑的人永远战胜不了自己

人生不如意之事十有八九，自卑的人永远都战胜不了自己。仅因为求职而未被录取，就拿自己的生命来开玩笑，以死来解脱，这是自卑之人最糟糕的表现。成功根源于坚韧不拔的意志，这正是自卑的人所缺少的。

有梦想就有动力

有一次，松下电器公司招聘 10 名基层管理人员，但应聘者却多达数百名，经过一周的笔试与面试，从数百名的报考者中选出了 10 位佼佼者。通过电子计算机计分，排出了他们的名次。当松下幸之助将录取者一一过目时，发现在面试时一直成绩特别出色，并给他留下深刻印象的一位年轻人却未在这十人之列。

松下幸之助感到有点儿意外，于是就叫工作人员复查考试情况。原来这位青年叫神田三郎，他的总成绩原本名列第二，只是因为电子计算机在排序时出了故障，把分数和名次排错了，才导致神田三郎落选。

松下幸之助立即要求给神田三郎发录用通知书。送录用通知书的人很快就回来了，他告诉了松下先生一个惊人的消息：神田三郎因没有被录取而跳楼了，在录用通知书送到时，他已经死了。

听到这一消息，松下先生沉默了好长一段时间。旁边的一位助手惋惜地说："多么可惜呀！这么一位有才华的青年，我们却没有用上他。"

"不，"松下先生摇了摇头出人意料地说，"幸亏松下公司没有录用他，这样一个意志不坚强的人是干不成什么大事的。"

松下先生认为一个人如果想要取得事业上的成功，离开坚强的意志是不行的。他曾给自己的部下讲述越王勾践卧薪尝胆的故事，并以此来激励他们克服困难。松下幸之助说："当我们决定完成一项事业时，就要坚定信念，决不能以没办法为理由。身为一个领导者，虽然不一定要学习古人卧薪尝胆的刻苦方式，但每天仍要不忘激励自己，始终如一，这才是决定能否成功的重要因素。"

博格斯于 1965 年 1 月 9 日出生在美国巴尔的摩市，他从小喜欢打篮球。8 岁那年，他有了一个篮球，那天晚上，他兴奋得很长时间都难以入睡。从那以后，他睡觉时抱着球，出门带着球，即使是去倒垃圾，也是左手拎垃圾袋，右手运球。但是常常把垃圾弄得到处都是，父亲骂他，邻居也笑话他，可这都无济于事，他依然如此，并且还说长大要去 NBA 打球。

然而，命运之神并没有青睐他。他在 20 岁时，仍然只有 1.60 米。这让他十分气馁，因为 NBA 历史上还没有出现过 1.60 米的球员。同学们都因此嘲笑他："像你这样的一个'小松鼠'，能去打NBA？"

面对大家的冷嘲热讽，博格斯也为自己的身高感到自卑，曾一度失落过，常常怨恨自己："为什么不再长高点儿？"

经过一段时间的挣扎，博格斯将自卑抛在了脑后，他不再理会别人的冷嘲热讽，而是将他们的嘲笑转化成了前进的动力。他常常暗自想到："我的确太矮，在高水平的职业篮球赛中闯出一番天地不容易，但我相信篮球并不是专让高个子打的，而是让那些有篮球才华的人打的，我要创造奇迹。"

为了实现自己的梦想，从那以后，他拼命苦练。随着时间的推移，博格斯的球技也不断提高。他卓越的组织指挥才能逐渐为人所知，他的知名度也大为提高。在美国大学体育协会的篮球联赛中，他获得了一个绰号——马格西，意为死死缠住对手、拦截、成功阻挡等。

1986年7月，博格斯入选美国队，参加了在西班牙举行的第10届世界男篮锦标赛。刚开始时，这个个子极其矮小的后卫并没有引起观众的注意，但他最终以自己精湛而出色的球技赢得了对手的尊重与观众的喝彩。最后，他帮助美国队战胜了前苏联队获得冠军。他创造了NBA历史上的奇迹。

博格斯的身高是阻挡他进入NBA的拦路虎，虽然他也为自己的身高感到自卑，但是他与别人不同的是，他将这种自卑迅速地转化为一种前进的动力。苦心人天不负，他最终创造了奇迹，走向了成功。他的成功事迹告诉我们，一个人有缺点是很正常的，但一定要意识到自己的缺点，不能因缺点而产生自卑感，而应该设法来补偿自己的缺陷，从而取得成就。

失败离成功仅一步之遥

不管你有多聪明，当进行新的尝试时，都可能会犯一些错误；

有梦想就有动力

不管你从事什么行业，当你不断对自己提出更高的要求时，都可能会遭遇失败。不要被失败打倒，当你觉得似乎走到山穷水尽的绝境时，离成功也许仅一步之遥。

美国百货大王梅西于1882年生于波士顿，年轻时出过海，后来开了一间小杂货铺，卖些针线，可铺子很快就倒闭了。一年后他又另开了一家小杂货铺，仍以失败告终。

在淘金热席卷美国时，梅西在加利福尼亚开了个小饭馆，本以为供应淘金客膳食是稳赚不赔的买卖，岂料多数淘金者一无所获，什么也买不起，这样一来，小铺又倒闭了。

回到马萨诸塞州之后，梅西满怀信心地干起了布匹服装生意，可是这一回他不只是倒闭，简直是彻底破产，赔了个精光。

不死心的梅西又跑到新英格兰做布匹服装生意。这一回他时来运转了，他买卖做得很灵活，甚至把生意做到了街上商店。尽管头一天开张时账面上只有11.08美元的收入，但现在位于曼哈顿中心地区的梅西公司已经成为世界上最大的百货商店之一。

另一个饱尝失败滋味的零售商是詹姆士·卡什·彭尼。

彭尼在密苏里州长大，高中毕业后在一家布匹服装店当了11个月的小伙计，共得薪水25美元。

彭尼的身体不好，医生劝他多到户外活动活动。于是彭尼辞职前往科罗拉多州干起了零售商的行当，他把历年所得全投进了一家小肉铺。

肉铺的最大主顾是当地一家旅馆。这旅馆的厨头还身兼采买一职，是个嗜酒如命的人。有一天他跟年轻的彭尼说，以后只要彭尼每星期白送他一瓶威士忌，他就把整个旅馆的生意包给彭尼做。彭尼不干，认为这是贿赂。于是他们之间的生意从此断绝，彭尼的小店也开不下去了。

不得已，彭尼只好再去当地一家布匹服装店当店员。他以行动和言辞说通了这家商店的两名店主，让他当第三名合伙人，即由他出一笔钱，加上原店的部分资金存货，由他单独去经营一家新店。这个主意就是联营的最初思路。

过了几年，彭尼开始了他自己的联营商店生意，他允许雇员享

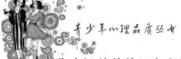

有自己从前曾经享有的机会。

当彭尼的联营商店发展到 34 家时，彭尼公司诞生了。如今，这家公司已拥有 2400 家分店。此外，它还涉足银行、信贷和电子业。

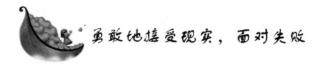

勇敢地接受现实，面对失败

永远都不放弃，永远都不逃避，这是给失败的最好的回应。

山里住着一位以砍柴为生的樵夫，在他不断地辛苦建造下，终于盖起了一间可以遮风挡雨的屋子。有一天，他挑了砍好的木柴到城里交货，但当他黄昏回家时，却发现自己的房子起火燃烧了起来。

左邻右舍都赶来帮忙救火，只是因为傍晚的风势过于强大，还是没有办法将火扑灭，一群人只能静待一旁，眼睁睁地看着炽烈的火焰吞噬了整栋木屋。

大火终于灭了，只见这位樵夫手里拿了一根棍子，跑进倒塌的屋里不断地翻找着。围观的邻人以为他是在翻找藏在屋里的珍贵宝物，所以也都好奇地在一旁注视着他的举动。

过了半晌，樵夫终于兴奋地叫着："我找到了！我找到了！"

邻人纷纷向前一探究竟，才发现樵夫手里拎着的是一柄烧掉了把的柴刀，根本不是什么值钱的宝物。

可樵夫则兴奋地将木棒嵌进柴刀把孔里，充满自信地说："只要有这柄柴刀，我就可以再建造一个更坚固耐用的家。"

房子没了，一切都没有了，这个人生活得怎么这么惨呢？也许有人会这样想。但是这个樵夫并没有失败，他勇敢地接受现实，勇敢地面对这一切，然后自信而勇敢地打算重新开始，继续奋斗，这就是他的成功。

成功都建立在付出基础上

没有谁会随随便便成功，任何人的成功都是建立在付出基础上的。当一个人能够专注于自己梦想的时候，他就会变得坚毅执著，也只有在这种情况下，他才不怕为成功付出代价，他才能做到别人做不到的事情。

蕾顿并非生就一副典型的体操选手体态，她并不优雅，也没有芭蕾舞者的柔美动作。她仅有 145 厘米高，有一副结实而强壮的体格，看来更像一位短跑选手，而不是一位具有潜力的体操明星。

由于她对自己许下承诺，因此她不怕为成功付出代价。她曾说："我知道自己在地板运动、旋转及芭蕾动作上看起来并不优雅，但我是名优秀的短跑者，我有无穷的动能及爆发力。所以，我能够做其他女孩做不到的事。"14 岁时，她便是弗吉尼亚州的冠军，且在世界性的体操竞赛中夺魁。小小年纪，却有超龄的成熟，她已了解她要追求的更高的目标。

"我需要有人在背后推动我，"她说，"我需要与其他志同道合的女孩共同奋斗。"当大部分青少年仍处在胡思乱想的阶段，丝毫不知承诺为何物时，蕾顿已为她的目标付出了极大的牺牲。她远离舒适的家，搬到休斯敦，住在一位陌生人的家里，只为了有机会受教于一位世界顶尖且要求最严格的体操教练卡洛莉女士。

当其他孩子花时间在看电视、电影，与朋友厮混，或去旅行郊游的时候，她已每周受训 7 天，每天 4 小时。卡洛莉矫正了蕾顿 8 年来习以为常的所有习惯，从翻滚的方式到每日的饮食。当奥运会日期日益迫近时，蕾顿如此描述她的一天："八点钟热身运动，然后上学。放学再回到体育馆练习 4 个小时，接着做功课，然后是上床睡觉。"很苦？当然。有趣吗？未必。那何必呢？因为胜利者所孜孜钻研的事，其他人甚至未曾想过要去尝试。她可能并不喜欢每日枯燥的训练，但是她热爱体操，热爱她的梦想，也就乐于接受挑战。

然而，就在夏季奥运会开始前几周，她的右膝突然动弹不得。裂开的软骨碎片松落，嵌入膝关节中。手术后不到10天，她又回到体操馆，做全套的赛前练习。时间迫在眉睫，不容拖延，所剩下的时间仅足以做最后冲刺。她已准备多年，不能让努力如此付诸东流，坚毅的承诺使她坚持到底。

大赛中的最后一个项目——跳跃动作，蕾顿需要9.95分，几近满分的成绩，才能与罗马尼亚最有希望夺得金牌的选手打平。记者如此描述她所做的努力："她轻轻助跑，跃然而起，在高空中旋转，像一条铅棒一般落下，纹丝不动，却轻柔得犹如一只春天的蝴蝶。"

她得到完美的10分，最高境界。但使所有观众、裁判及其他选手惊讶万分，又感到肃然起敬的是，她竟然要求第二次试跳。令人无法置信的是，其结果仍然一样，完美的10分！但是蕾顿丝毫不感到惊讶，她已有心理准备站在胜利者的舞台上，因为她深知她已付出代价。

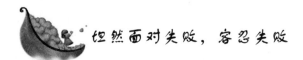

坦然面对失败，容忍失败

坦然面对失败，容忍失败，促成了奥城良治和杰克·韦尔奇后来人生道路的成功。成功者之所以成功，只是因为他们不会被挫折和失败动摇。一个人要想干出一番事业，一定要有坦然面对挫折和失败的积极态度，千万不可一遇挫折即当逃兵。否则，他将永远与成功无缘。

有一个小孩，有一次在田埂间看到一只瞪眼的青蛙，就调皮地向青蛙的眼睑撒了一泡尿，却发现青蛙的眼睑非但没有闭起来，而且还一直张眼瞪着。

长大后，他成了一名推销员，当每每遭到客户的拒绝时，他便想到童年时那只被尿浇也不闭眼的青蛙。他用"青蛙法则"来对待销售：客户的拒绝犹如撒在青蛙眼睑上的尿，他逆来顺受，张眼面对客户倾听，从不惊慌失措。这位推销员后来荣获日本日产汽车16

年销售冠军宝座。他就是奥城良治。

20世纪60年代中期，美国通用电气公司一位年轻工程师独立负责一项新塑料的研究。正当这位工程师踌躇满志地准备大干一场的时候，不幸的事情发生了：实验的研究设备突然爆炸，3000多万美元的实验设备连同厂房瞬间化为灰烬。面对爆炸后一片狼藉的现场，年轻的工程师精神濒临崩溃。他想，自己在通用的梦想和历史就此结束了。他非常沮丧，忐忑不安地接受了通用总部派来调查事故的高级官员的谈话。没想到的是，这位高级官员问的第一句话是："我们从中得到了什么没有？"年轻工程师先是一惊，然后回答："我们这个试验行不通"。调查官员说："这就好。可怕的是我们什么也没有得到。"

一场惊天动地的"重大事故"就这样解决了。这位年轻工程师就是日后带领通用电气公司实现了20年高速增长，被誉为世界第一CEO的杰克·韦尔奇。

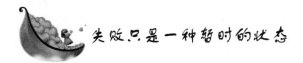

失败只是一种暂时的状态

失败只是一种暂时的状态，是人生道路上的一道障碍，成功的脚步不应因此停留。只有跨过了这道障碍，成功之花才会绽放。

1991年10月3日，这是一个平淡无奇的日子，但是这一天对于南非犹太裔女作家戈迪默来说，却是非同寻常的一天。这一天，她获得了1991年度的诺贝尔文学奖，她是25年来第一位获奖的女作家，也是自诺贝尔文学奖设立以来第7位获奖的女作家。这块文学金牌是她用40年的心血和汗水浇铸的，她怎能不激动呢？

戈迪默于1923年11月20日出生在约翰内斯堡附近的小镇——斯普林斯村。她是犹太移民的后裔，母亲是英国人，父亲是来自波罗的海沿岸国家的珠宝商，闪光的家庭生活造就了小戈迪默的无限憧憬和遐想。

6岁那年，她抚摸和凝视着自己纤细而柔软的躯体，做起了当一位芭蕾舞演员的梦。她从剧院里得知，舞台生涯最能淋漓尽致地表现人的修养和思想情感，也许这就是她追求的事业。

于是，一个阴雨连绵的星期六，她报了名，加入了小芭蕾剧团的行列。可事与愿违，由于体质太弱，她对大活动量的舞蹈并不适应，一些小病小灾时不时地纠缠着她。久而久之，小戈迪默被迫放弃了对这项事业的追求。

遗憾之余，这位倔犟的女性暗暗发誓：条条大道通罗马，她终究要找到适合自己的成功之路。

然而，命运不但不赐给她机缘，反而将她逼上越发痛苦的深渊。8 岁时，她因患病离开了学校，中断了童年时的学业。夜晚，她常常流着无奈的泪盼等着天明，她只好终日坐在床上与书为伴了。

一个明媚的夏日，心烦意乱又十分孤独的戈迪默偷偷地走上了大街，她想从车水马龙的街面上获取一点儿快乐。突然，她被一块不大不小的木牌所吸引，"斯普林斯图书馆！"她欣喜若狂，早已将课本读熟了的她，最渴望的莫过于书。

此后，她一头扎进了这家图书馆，整日泡在书堆里。图书馆下班铃响了，她却一头钻在桌子底下，等图书馆的大门锁上了，她再钻出来。在这自由自在的王国里，她尽情而贪婪地吸吮着知识的营养。在图书馆的无数个日夜，使她对文学产生了浓厚的兴趣。

也许是"养料"过剩，她常常感到心里有一江春水在激荡。终于，她那嫩弱的小手拿起了笔，一股股似喷泉一样的情感流淌在了白纸上。那年，她刚刚 9 岁，她的文学生涯就此开始。

出人意料的是，15 岁时，她的第一篇小说在当地一家文学杂志上发表了。然而，不认识她的人，谁也不知道小说竟出自一位少女之手。

1953 年，戈迪默的第一部长篇小说《说谎的日子》问世。优美的笔调，深刻的思想内涵，轰动了当时的文坛。世界文学界几乎同时将关注的目光投向了这位非同一般的女作家——内丁·戈迪默。

像一匹脱缰的马，戈迪默的创作一发而不可收拾。漫长的创作生涯里，她相继写出 10 部长篇小说和 200 多篇短篇小说。多产伴着上等的质量使她连连获奖：1961 年，她的《星期五的足迹》获英国

有梦想就有动力

史密斯奖；1974 年，她意外地又获得了英国文学奖。

创作上的黄金季节，使戈迪默越发勤奋刻苦。她说："我要用心血浸泡笔端，讴歌黑人生活。"满腔的热忱很快就得到了报答。她的《对体面的追求》一出版，就受到了瑞典文学院的注意。

接着，她创作的《没落的资产阶级世界》《陌生人的世界》和《上宾》等佳作，轻而易举地打入诺贝尔文学奖评选的角逐圈。

然而，就在她春风得意、乘风扬帆之时，一个浪头伴一个旋涡又使她几经挫折——瑞典文学院几次将她提名为诺贝尔文学奖的候选人，但每次都因种种原因而未能如愿以偿。面对打击，这位弱女性有所失望，她曾在自己的著作扉页上，庄重地写下："内丁·戈迪默，诺贝尔文学奖"，然后在括号内写上"失败"两字。然而，暂时的失望并没有影响她对事业的追求，她一刻也没放松文学创作，终于，她从荆棘中闯出了一条成功的路。

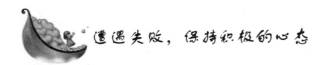

遭遇失败，保持积极的心态

在遭遇失败时，仍然保持积极的心态，相信一切可以重来，这是一种坚强的人生态度。

在美国洛杉矶的一次拍卖会上有这样一幅画：一艘笨重而古老的平底船搁浅在沙滩上，潮水退却，只有它耸立沙滩上，画面下端只画出一点点水……

这幅画给人的印象是——搁浅在海滩上的孤船是世界上最没指望的、最没行动力量的东西。然而，在这幅画的下面写着一句话："潮水一定会回来"。于是，所有的一切便峰回路转了。

这幅画的主人是美国爱华电器公司的总裁爱德华兹先生。在拍卖开始之前，爱德华兹讲述了这幅画的来历。

原来，他的公司在创办后不久就陷入了困境，公司生产的产品大量积压在仓库里。爱德华兹和他的下属们想了许多办法，公司的销售依然不见起色。产品大量积压，资金匮乏，公司几乎陷入瘫痪……爱德华兹心灰意冷，他陷入了人生的低谷。在一个周末，他去拜访一位朋友，这位朋友是个画家，当爱德华兹将自己满肚子的苦水倒出来后，朋友就画了这幅画送给他。

爱德华兹说："当我看到画上的这艘船时，我心里没有什么感觉，可是画下面的那句话'潮水一定会回来'一下点亮了我的眼睛。我想那个时候，我就是等待潮水的船，总有一天潮水会回来，我的梦想之船就可以远航了。"

最后，这幅画以25万美元的高价被一位商人买走，是那场拍卖会上成交价最高的物品。那幅画不是出自名家之手，却能卖25万美元，不仅仅因为它曾经的主人是爱德华兹，更重要的是画中所蕴含的深意。

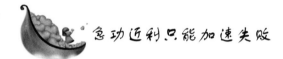

急功近利只能加速失败

"有澹台灭明者，行不由径。"这句话是子游在向孔子夸奖一个叫澹台灭明的人，说他走路从来不抄近路。后被世人延伸开来，也用来形容一个人办事勤恳踏实，并不投机取巧。

技巧本无褒贬之意，只是在如今过分追求效率的时代中，被人们赋予了太多急功近利的色彩。技巧若是建立在勤奋刻苦的基础上，不失为锦上添花的点睛之笔，但若悬于激进浮躁的空气中，只能是加速失败的导火索。

人之初时，所有的捷径之路尚未可知，我们心中只有一个简单的想法：踏踏实实，一步一个脚印，才能连成一条通往目的地的路。尔后，不断地发现了技巧、攻略，从此便浮尘攘攘、不安于心，恐怕掌握更多技巧的同伴会因此超过了我们。

于是，那些简单的方法被我们认为是笨拙而低效的，我们开始一头扎进钻营技巧的浮海中。用演算和推理徒生出许多新的逻辑，把前方的路缠绕得越来越不清晰，在乱如麻的循环中迷失了自我，负累了心灵。

在备考英语时，他没有把主要精力投放在学习内容本身上，而花了大量的时间和精力去搜集历年考题，仔细对比分析，研究所谓的解题方法和技巧，试图从中总结出一些出题规律。除此之外，他还订阅了十几本英语考试的刊物，不放过任何一个带有"技巧"和"攻略"的文章。

终于到了上"战场"的时候。考场上，他发现由于自己连最基本的词汇量都不够，导致了甚至一篇完整的阅读文章都无法顺利读完，结果自然不言而喻。

语言的运用是一种技能，但这种技能不单单只是专靠技巧能够获得的。没有单词的积累就看不懂句子，无法准确理解句子，整篇文章的意思自然也就会出现偏差。这不禁让人想起了那句"不积跬步，无以至千里；不积小流，无以成江海"的古训。方法和技巧只能适当利用，并且要从亲身的学习实践中摸索出来，才能起到锦上添花的作用。

成功就像是练武术，如果没有扎实的基本功，不踏踏实实地将事情做到位，再多的花拳绣腿都是不堪一击的虚招。

有些人并不是"先天不足"，相反，往往还具有比一般人更多的天赋，但最终的结果仍然是失败。其中一个重要的原因就在于他们习惯了投机取巧，不愿意付出与成功相应的努力。他们希望到达辉煌的巅峰，却不愿意经过艰难的道路；他们渴望取得胜利，却不愿意付出辛苦的努力。

这个世界上，没有任何事物可以忽略其中的过程而一跃成功的，这是大自然中最简单的道理，却往往被我们所忽略：

从前，有一个非常喜欢生物的小男孩，很想知道蛹是如何破茧成蝶的。可是蝴蝶倒是看见了不少，但蛹却很少见。

有一次，他终于在草丛中发现了一只蛹，便取回了家，日日观察。

几天以后，蛹出现了一条裂痕，里面的蝴蝶开始挣扎，想抓破蛹壳飞出去。艰辛的过程达数小时之久，蝴蝶仍在蛹壳里辛苦地挣扎，那对翅膀怎么也扑棱不出来。

小男孩看着蝴蝶这么痛苦，有些不忍心，很想帮帮它。于是他找来剪刀，将蛹壳剪开，里面的小蝴蝶瞬间就破蛹而出了。

但让小男孩万万没有想到的是，那只小蝴蝶毫不费力地从蛹壳出来后，因为没有经过破茧而出的锻炼，翅膀的力量太薄弱，以致根本飞不起来。不久，便痛苦地死去了。

破茧成蝶的过程原本就非常痛苦，然而同时，只有经历了这一艰辛的过程，才能换来日后的翩翩起舞。所谓"技巧"的帮助反而让爱变成了害，最终让蝴蝶悲惨地死去。技巧也许能让我们获利一时，但从长远来看，却在心灵深处埋下了不可预知的隐患。

只有经过厚实的积累，一步一步登上的巅峰才会站得稳、站得久。

古罗马人有两座圣殿：一座是勤奋的圣殿；另一座是荣誉的圣殿。他们在安排座位时有一个秩序：必须经过前者，才能达到后者。

勤奋是通往荣誉的必经之路，如此深入简出的道理，我们每一个人都应该谨记。那些试图绕过勤奋去寻找荣誉的人，总是被排斥在荣誉的大门之外。

技巧终归只是虚招，一味地钻营技巧反而会使本来至简朴素的方法变得复杂纷繁，让我们劳心劳神。真金才会不怕火炼，实力才是根本。技巧是永远无法代替脚踏实地的，过于重视技巧而忽视本分，即使获取一时的成功，最终也必将导致另一种形式的失败。

有梦想就有动力

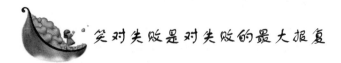

笑对失败是对失败的最大报复

凡事没有一成不变的，成功与失败亦是如此。失败了，跌倒了，没有什么可怕的，需要做的只是爬起来重整旗鼓，笑对失败才是对失败的最大报复。

住在英国南特郡的凯恩斯给他的朋友写了一封信，后来这封信在互联网上广为流传。

"很小的时候，考入剑桥就是我的理想，为了这个理想，我倾注了自己全部的心血，我所付出的巨大努力使我坚信在剑桥定有我的一席之地，根本不可能发生意外。然而巨大的失望出现了。得知我没有被剑桥录取的消息时，我觉得整个世界都粉碎了，觉得再没有什么值得我为之而活下去的事物。我开始忽视我的朋友、我的前程，我抛弃了一切，既冷淡又怨恨。我决定远离家乡，把自己永远藏在眼泪和悔恨中。

"就在我清理自己物品的时候，我突然看到一封早已被遗忘的信——一封已故的父亲给我的信。信中有这样一段话：不论活在哪里，不论境况如何，都要永远笑对生活，要像一个男子汉一样，承受一切可能的失败和打击。

"我将这段话看了一遍又一遍，觉得父亲就在我身边，正在和我说话。他好像在对我说："撑下去，不论发生什么事，向它们淡淡地一笑，继续过下去。"

"于是，我决定从头再来。我坦然面对失败，并从中汲取营养。我一再对我自己说：事情到了这个地步，我没有能力改变它，不过只要心存希望，我就会有美好的生活。现在，我每天的生活都充满了快乐。尽管没有进入剑桥，尽管我又重遇了若干次的失败，可我已经明白：笑对失败才是对失败最大的报复，而一味的哭泣只能让失败愈加嚣张。今天，这种积极的心态已经给我带来了巨大的成功。"

第十一章　挑战失败——梦想成真的人生法则

227